나는 뻔뻔한 엄마가
되기로 했다

엄마는 편안해지고 아이는 행복해지는 **놀라운 육아의 기술 34**

나는 뻔뻔한 엄마가 되기로 했다

김경림 지음

Prologue

엄마들이여,
더 뻔뻔해져라

‘60점 엄마’가 ‘100점 엄마’보다 아이에게 더 좋은 이유

“아이 키우는 게 너무 힘들어요. 정말 몸이 힘들어요. 어제도 사실 쉬었어야 했는데, 매실 장아찌를 지금 꼭 담아야 한다는 생각 때문에 반나절 동안 매실을 쪼갰어요. 며칠 동안 아이들한테 엄마가 해 준 음식을 너무 안 먹였거든요. 아이들에게 반찬을 사 먹이거나 외식을 하면, 할 일을 제대로 안 한 거 같아 죄책감이 들어요. 그런데 일을 하니까 피곤한 거예요. 저녁에 애들이 책 좀 읽어 달라고 오는데 ‘엄마 피곤하니까 저리 가’라고 짜증을 내며 말하게 되더라고요. 그러고 나서 또 죄책감이 들어요. 왜 이렇게 좋은 엄마 되기가 힘들고 어려울까요? 다른 엄마들은 척척 잘하는 것 같은데, 저한테는 왜 모든 게 힘들기만 한지 모르겠어요.”

초등 저학년 아이와 유치원생을 키우는 한 워킹맘의 하소연이다.

그녀에게 당신이 생각하는 '좋은 엄마', '완벽한 엄마' 노릇이 무엇이냐고 물었다.

"먹을 걸 직접 만들어 주고, 옷도 깨끗이 입히고, 청소도 잘하고, 책도 잘 읽어 주는 엄마요. 하지만 제 일을 포기할 수는 없어요. 저희 친정엄마는 전업주부셨고, 살림을 깔끔히 하셨지만 저는 그게 싫었고, 아빠의 기분에 맞춰서 사는 게 이해가 안 됐어요. 그래서 결혼해 아이를 낳더라도 꼭 일하는 엄마가 되어야겠다고 마음먹었어요."

그녀에게 본인이 엄마로서 몇 점 정도인 것 같냐고 물었다.

"한 60점이요? 남들만큼 못 해 줘서 늘 아이한테 미안해요. 100점은 바라지도 않고, 80점만 되어도 좋겠어요."

'80점 엄마'가 되기도 어렵다

80점만 되어도 좋겠다는 엄마는 이 엄마뿐만이 아니다. 전업주부로 사는 엄마도 끊임없이 '나는 부족한 엄마'라고 생각한다. 내가 만난 엄마들 가운데 자신의 엄마 노릇에 대해 70점 이상의 점수를 준 엄마는 찾기 어려웠다. 그들은 모두 100점은 감히 바라지도 않으며, 80점만 되어도 너무나 훌륭한 엄마일 거라고 말했다. 그런데 80점 되기가 왜 그렇게 어렵냐며 씁쓸해 했다.

우리 사회가 요구하는 '100점 엄마'의 내용은 무엇일까? 아이의 먹거리나 옷 등을 야무지게 챙기면서도 살림은 살림대로 하고, 아이에게 절대로 부정적인 감정을 표현하지 않고 큰소리도 내지 않으며, 아이가 원하는 것을 현명하게 충족시켜 주면서 무리하지 않는 교육으로 아이를 똑소리 나게 키우고, 더불어 남을 배려할 줄 아는 교양 있는 아이로 키우는 엄마쯤 될까?

상상에서나 가능할 법한, 현실에 존재하지 않는 이러한 '엄마 틀'에 맞추어 사느라, 엄마들은 '나는 부족한 엄마야' 하며 자신이 하는 모든 일을 평가절하한다. 엄마들은 '나는 아이와 어떤 관계를 맺을 것인가?'라고 스스로에게 질문할 틈도 가지지 못한 채, 사회가 엄마에 대해 만들어 놓은 특정한 이미지를 꼭 달성해야 하는 목표인 것처럼 정하고, 그것을 향해 달려가고 있는지도 모른다.

엄마 노릇,
60점이면 충분하다

엄마들에게 자신의 엄마 노릇에 점수를 매겨 보라고 했을 때, 가장 많이 나온 점수가 60점이었다. 60점이 어떤 점수인가? 나는 몇 가지 자격증을 따려고 공부를 한 적이 있다. 자격을 갖추기 위해서 필요한 점수는 '평균 60점'이다. 자격증이기 때문에 높은 점수는 큰 의미가 없다. 단, 한 과목도 40점 밑으로 점수를 받아서는 안 된다. 평균 80점이어도 한 과목이 39점이라면 자격증을 따지 못한다. 적어도 40점 위로는 다 받아야 하되, 모든 과목을 합친 평균이 60점만 넘으면 '자격'이 주어지며, 이렇게 받은 자격증으로 사람들은 '전문가'가 된다. 기본은 갖추었으니, 나머지는 경험으로 채우라는 것이 자격증 시험의 취지다.

엄마 노릇도 이와 비슷하다. 엄마로서 반드시 넘지 말아야 할 최저선만 지킨다면, 거기에 조금만 노력을 기울여 '평균 60점'만 넘는다면, 나머지는 각자의 기준에 따라 각자의 형편과 능력껏 엄마 노릇을 해 나가면 된다. 왜냐하면 '좋은 엄마'는 사람마다 그 기준이 다르며, 각자 자식으로서 엄마를 바라본 경험에 의해 엄마로서의 행동이 정해지기 때문이다. 앞서 아이들을 위해 매실을 쪼갰던 엄마는 전업주부였던 친정엄마를 바라보며 '일하는 엄마가 되어야지'라고 마음먹었다. 반대로 어떤 엄마들은 일하는 엄마 밑에서 자라며 '꼭 집에서 아이들을 살뜰히 보살피는 엄마가 되어야지' 하고 결심한다. 그렇다고 해서 결심한 대로 올곧이 엄마 노릇을 하는 것도 아니다. 때론 '내 엄마와 비슷하게', 때론 '내 엄마와 다르게' 여자들은 엄마 노릇을 해 나간다. 즉 우리는 철저히 개인적인 경험을 바탕으로 만들어진 '좋은 엄마'의 기준에 따라 엄마의 길을 걷는다. 모두에게 통용되는 '좋은 엄마', '100점 엄마', '완벽한 엄마'란 없다는 말이다. 우리가 '100점 엄마'라고 할 때 '좋은 엄마'의 이미지는, 이 사회가 가부장제를 유지하고 가족에게 필요한 돌봄 노동을 '엄마라는 이름의 여성'이 담당하는 영역으로 제한하기 위해서 마련한 프레임이다. 그런데도 세상이 바라는 '좋은 엄마'가 아니라며 자책하고 죄책감을 가지는 것은 얼마나 어리석은가. 각자의 맥락에 따라 최선을 다하고 있으니, 점수로 따진다면 모두가 100점이라고 할 만하지 않은가.

나는 시골에 있는 중·고등학교에서 청소년 상담을 하고 있다. 대도시보다 경쟁적이지 않고, 공부를 잘하는 것이 삶을 꾸려 가는 것과 크게 상관이 없다는 걸 알기 때문이어서인지, 이곳 아이들에게 60점은 꽤 괜찮은 점수다. 조금 열심히 해서 70점을 받으면 "진짜 잘했다"라고 기뻐하고, 80점이 넘으면 '완전 공부 잘하는 아이'가 된다. 재미있는 것은, 아이들과 달리 대부분의 학교 선생님들과 일부 학부모들은 60점을 부족한 점수로 규정하고 70점, 80점이 되지 못했으므로 그 아이를 '공부 못하는 아이'로 낙인찍어 버린다는 것이다.

우리가 스스로에게 매기는 엄마 점수도 이와 비슷하다. 기준을 남에게, 사회에 두면 '60점짜리밖에 안 되는 엄마'가 될 수밖에 없다. 하지만, 60점 엄마로도 충분하다. 이만큼 아이를 사랑하고 돌보는 일도 결코 쉽지 않은데, 남이 정해 놓은 기준 혹은 있지도 않은 상상 속의 기준에 따라 70점, 80점이 되어야 할 아무런 이유가 없다.

육아, 너무 열심히 하지 마라, 대세에 지장 없다

엄마 노릇을 잘하려고 애쓸수록
죄책감과 불안감이 커지는 육아의 함정

나도 100점은 못 되더라도 '80점 엄마'는 되어야 한다는 생각으로 전전긍긍하며 애쓰던 시절이 있었다. 아이들을 '똑똑하고 행복한 아이'로 키우면서, 일도 야무지게 해내는 '수퍼우먼'이 되고 싶던 시절. 그렇게 살면 대체 뭐가 좋은지를 스스로에게 물어볼 잠깐의 기회도 갖지 못한 채, 거대한 시스템의 일부가 되어 쳇바퀴 속 다람쥐처럼 종종거리던 시절. 그때 아홉 살이던 큰아이가 '중추신경계 림프종'이라는 암에 걸렸고, 암이 시신경을 침범해 한쪽 눈의 시력은 완전히 잃고 나머지 한쪽 눈도 겨우 보이는 시각장애를 가지게 되었다. 그 후 나는 아주 오랫동안 '내가 무엇을 잘못했을까?' 하는 죄책감과 '아이가 잘못되면 어떻게 하나?' 하는 불안감을 깊이 품고 살았다.

죄책감과 불안감.

우리 사회는 아이의 모든 것을 엄마 탓으로 돌린다. 아이의 성격이 나쁜 것도 엄마 탓이요, 공부를 못하는 것도 엄마 탓이고, 밥을 잘 먹지 않는 것도, 사회성이 좋지 않은 것도 전부 엄마의 잘못이다. 엄마는 절대로 아이에게 상처를 주어선 안 되며, 엄마가 어떻게 하느냐에 따라 아이의 성격과 능력이 결정된다고 한목소리로 말한다. 심지어 아이가 아프거나 장애를 가지게 된 것도 전부 엄마 탓이라고 얘기하는 세상에서, 엄마로서의 죄책감과 불안감은 원죄처럼 떼어 내기가 어려웠다. 끊임없이 '내가 뭘 잘못했을까?'를 곱씹었고, '아이가 더 잘못되지 않으려면, 지금보다 더 잘되려면 어떻게 해야 하나?'에 대한 답을 동동거리며 찾아다녔다. 그런데, 그 죄책감과 불안감 덕에 나는 더 나은 엄마가 될 수 있었나? 아이는 더 행복해졌나?

아니, 그런 일은 일어나지 않았다. 죄책감이 깊어질수록 내가 하는 모든 일이 성에 차지 않았다. 아이가 어쩌다가 문제 행동이라도 보이면 그 역시 내 잘못 때문인 것만 같았고, 내가 책임져야 하는 일로 여겨져 막막해지기만 했다. 또 이 작은 행동이 더 큰 재앙의 원인이 될지도 모른다는 생각에 불안해지고 두려워졌다. 불안감이 거세질수록 간섭과 잔소리가 늘어났다. 그럴수록 아이와의 관계는 점점 악화되었다. 내 딴에는 엄마로서 최선을 다했는데, 아이와의 관계가 좋아지기는커녕 나빠지기만 했으니, 내 노력의 방향이 잘못되었다는 말이었다. 육아에 새로운 기준이 필요했다.

죄책감과 불안감은 사양!
엄마가 당당해야 아이가 행복하다

우리 가족은 큰아이의 1년간의 항암 치료가 끝나자 서울 생활을 접고 지리산으로 이사를 했다. 시골에서 살고 싶다는 큰아이의 뜻이기도 했지만, 가장 큰 이유는 죄책감과 불안감에 휘둘리고 싶지 않아서였다. 도시에 살면서 건강한 몸으로 걱정 없이 학교에 다니는 아이의 친구들을 아무렇지 않게 지켜볼 자신이 없었다. 공부도 잘하고, 인성도 바르고, 창의력도 갖춘 학생을 키워 내려는 학교의 목표로부터 아이를 지켜낼 자신도 없었다. 자칫하면 그 기준에 맞추느라 연약한 아이를 더 힘들게 할 것이 분명했다. 비슷비슷한 사람들이 비슷비슷하게 살아가는 대도시 아파트촌은 비교와 경쟁이 일상화된 공간이었다. 기껏 살아 돌아왔는데, 그곳에 머물다가는 아이와 나를 부족하고 뒤떨어진 존재로 바라보게 될 게 틀림없었고, 엄마로서의 불안감과 죄책감은 더욱 깊어질 것이었다. '휩쓸리는 엄마'야말로 아이에게 가장 위험한 존재다. 주변 일에 신경 쓰지 않고 오로지 아이의 '삶'과 '생명'이 피어나게 하는 데에만 집중하려면, 그 공간에서 떠나야만 했다. 나는 대도시를 떠나면서 엄마 노릇을 너무 열심히 하지 않기로 했다.

학교 앞에 문방구 하나 없고, 가장 가까운 학원, PC방, 편의점을 가려면 버스를 30분이나 타야 하는 지리산 산골. 사람이 귀하고 자연이 풍요로운 그곳에서 아이는 그야말로 '사는 것'처럼 살았다. 아무것도 할 게 없었기에 아이는 학교 가기를 손꼽아 기다렸고, 여름에는 계곡에서 물장구치고, 겨울에는 눈사람을 만들며 하루하루를 즐겁게 보냈다. 나도 마찬가지였다. 초등학생 큰아이와 유치원생 작은아이의 뒤치다꺼리에 정신이 없기도 했지만, '이렇게 놀기만 해서 어쩌나' 하며 불안을 부추기는 이웃과 '육아 전문가'가 없었기에, 크게 애쓰지 않고 자연스럽게 아이들을 키웠다. 그리고 남는 시간과 에너지를 하늘을 보고, 바람을 느끼고, 아이들이 뛰노는 모습을 바라보는 데 썼다. 그야말로 '삶'을 회복한 것 같았다.

그래서 아이는 건강하고 행복하게 자라났을까? 지리산으로 이사 온 '노력'도 소용없이, 아이는 재발했다. 이번에는 백혈병이었다. 그때 알았다. 엄마는 아이의 운명을 바꿀 수 없다는 것을. 좋은 음식을 먹이고, 다정하게 동화책을 읽어 주는 일들이 '절대적으로' 쓸모 있는 일은 아니라는 것을. 엄마가 어떤 노력을 기울여도 아이에게 닥치는 일들을 막을 수 없다는 것을. 엄마는 아이의 인생을 좌우하는 강력한 힘을 행사하는 사람이 아니라, 아이가 제 운명을 감당할 때 그저 옆에 있어 줄 수밖에 없는 사람이라는 것을.

세상은 '엄마'라는 역할이 얼마나 중요한가를 입을 모아 강조한다. 하지만 그 '엄마 역할'을 완벽히 해내려고 해 봐야 불가능할뿐더러, 그런다고 아이가 잘 자라는 것도 아니다. 엄마가 얼마만큼 열심히 하든, 아이는 제 운명대로 자랄 것이다. 그렇다면 엄마가 하고 싶은 대로, 하고 싶은 만큼만 엄마 노릇을 하는 게 옳다. 세상이 강조하는 '좋은 엄마'가 아닌, 그냥 '나다운 엄마'가 되는 게 옳다. 나 역시 비록 아이가 재발은 했지만, 지리산으로 내려와 보낸 3년을 결코 후회하지 않았다. 아마 도시에서 그대로 살았다면, 분명 더 재미있고 즐겁게 살지 못했던 것을 후회했을 것이다. 외부의 기준에 맞추어 아이에게 결핍된 것을 채우기 위해 안달복달했더라면, 분명 더 큰 죄책감과 후회가 남았으리라.

아이를 살리는 길은
엄마인 당신이 가장 잘 알고 있다

아이가 백혈병을 치료할 때의 일이다. 아이는 항암제의 부작용으로 목구멍 안쪽과 입안의 점막이 헐어 아무것도 먹을 수 없었다. 마침내 입안이 아물고 무언가를 삼킬 수 있게 되었을 때, 아이가 처음으로 "먹고 싶다"고 말한 것이 있었다. 바로 라면이었다. 라면이 어떤 식품인가. 건강한 아이에게 주어도 죄책감이 드는, 온갖 화학조미료와 발암물질과 트랜스 지방이 범벅 되어 있는, 최악의 가공식품이 아닌가. 그런 음식을 이제 막 항암제 부작용에서 회복하고 있는, 면역력이 아주 약한 아이에게 주는 것이 온당한가? 간단하게 결정할 수 있는 일이 아니었다. 그 누구도 답해 줄 수 없었다. 나는 가만히 나 자신에게 물었다. 죽음의 문턱까지 갔다가 돌아온 아이에게 필요한 것은 무엇일까? 어떻게 하는 것이 아이를 살리는 길인가?

머리 한구석에서는 라면이 가진 독성이 아이에게 나쁜 영향을 줄지도 모른다는 걱정이 끈질기게 나를 위협했고, 더 깊은 마음속에는 '라면을 먹이는 엄마'로 비난받을지도 모른다는 두려움이 자리하고 있었다. 하지만 내가 자식을 위해 내린 결정이고, 책임도 내가 질 것이므로, 그런 비난은 감당할 만했다. 그러나 라면의 독성을 무시하기는 쉽지 않았다. 그러다가 항암제 역시 독이라는 데 생각이 닿았다. 아이의 몸이 가진 신비한 능력은 항암제 독의 부작용을 이기고 결국 몸의 기능을 회복시키지 않았는가. 살아 있는 세포를 모조리 죽이는 항암제의 독성 앞에서 라면의 독성이란 새 발의 피만큼도 안 되는데, 그것을 이유로 아이의 간절한 요청을 무시한다면, 그 결정은 무엇을 지키기 위한 것인가. 나의 불안과 두려움을 다스리기 위해 아이를 이용하는 것이 아닌가. 몸이 가진 회복력보다는 얄팍한 지식을 더 믿는 오만함 때문이 아닌가.

시체처럼 열흘을 살았던 아이에게는 '삶의 즐거움'이 필요했다. 기쁨으로 가득한 생생한 삶의 감각을 느끼고, 다시 삶으로 돌아와야 했다. 나는 아이가 원하는 대로 라면을 주기로 했다. 소화가 잘되지 않을 수 있으므로 면은 한 젓가락만 먹자고 했고, 아이는 기쁘게 고개를 끄덕였다. 국물 몇 숟갈과 면 한 젓가락을 먹고 아이는 "아, 진짜 맛있다"며 흡족해 했다. 아이가 삶의 생동감을 느끼도록 도운 것으로 나는 엄마 역할을 다했다. 어떤 이론이나 지침도, 밖에서 말하는 '엄마라면 이래야 해'라는 기준도 필요하지 않았다. 그저 지금 아이를 살리기 위해 정말 필요한 것이 무엇인지를 내면의 '엄마 본능'에 물으면 되었다. 내 새끼를 위한 길은 엄마인 내가 제일 잘 알았다.

'좋은 엄마'가 아니라 '아이가 좋아하는 엄마'가 되자

책을 쓰는 도중에 '좋은 엄마'에 대해 생각하다가, 아이들은 나를 어떻게 보는지 궁금하여 중학교 2학년인 작은아이에게 "네 생각에 엄마는 좋은 엄마니?"라고 물어보았다. 아이는 눈을 껌벅이더니 고개를 끄덕였다. "엄마가 뭘 잘했기에 좋은 엄마야?"라고 다시 물었다. 아이는 "뭘 잘해서 좋은 엄마가 아니라, 내가 엄마를 좋아하니까 좋은 엄마지"라고 답했다. 그러면서 "엄마, '좋다'라는 건 사람마다 기준이 다 다르잖아. 그러니까 '좋은 엄마'라는 건 없고, 그냥 '내가 좋아하는 엄마'가 있는 거 아니겠어?"라고 말했다.

때로 아이들은 군더더기 없이 진실을 공개하는 법이다. 그 이야기를 듣고 나는 더 이상 내가 좋은 엄마인지 아닌지, 엄마 노릇을 더 잘하려면 무엇을 해야 하는지 궁금하지 않았다. 생각해 보면 '좋은 친구'는 내게 뭘 해 줘서 좋은 게 아니라, 죽이 맞고 이야기가 잘 통해서 내가 좋아하는 친구였다. 가끔 작은 갈등이 생기기도 하지만 그 또한 품고 갈 수 있는, '내가 좋아하고 나를 좋아하는 친구'가 '좋은 친구'였다. 그러니 엄마 노릇도 그렇게 하면 되는 거였다. 작은아이는 얼마 전 학교운영위원을 맡아 학교 예결산서를 꼼꼼하게 검토하는 내 모습을 보고 "엄마, 이걸 다 알아? 와~ 엄마 멋지다" 라고 말했다. 아이 눈에 '멋져 보이는 엄마'가 되는 건 '좋은 엄마'라고 일컬어지는 것보다 훨씬 기분 좋은 일이었다.

올해 스무 살이 된 큰아이에게도 물어보았다. "나는 너한테 어떤 엄마야?" 아이는 여러 가지 감정을 얼굴에 실은 채, 꽤 오래 말을 고르다가 딱 한마디를 던졌다.

"롤 모델"

"뭐? 앞으로 나처럼 '엄마'가 되겠다는 말이야? 그건 쉽지 않은데" 하고 웃으면서 어떤 의미에서의 롤 모델이냐고 물었다. 아이는 "엄마는 '내 식대로 사는 사람'이잖아. 나도 그렇게 살고 싶어. 문제가 닥쳤을 때 내 식대로 자신 있게 해결해 나가는 사람."

고맙고 다행스러운 일이었다. '엄마 같은 어른이라면 믿고 따를 수 있겠다'는 말로도 들렸다. 속으로는 한없는 죄책감과 불안감으로 엄마 노릇을 해 왔던 것 같은데, 아이에게 그렇게 보이지만은 않은 모양이었다. 무엇보다 '모든 걸 희생하여 자식을 돌보는 사람'인 엄마로 남지 않아서 정말 다행이었다. 만약 엄마가 너무 고맙거나, 엄마에게 너무 미안하거나 혹은 엄마가 원망스럽거나 불쌍하다면, 그 불편한 감정을 해결하기 위해 소중한 에너지를 쓸 테니까 말이다. 이제 큰아이는 엄마의 기대를 맞추려 하지 않고, 자신의 삶을 살아 나갈 것이다. 엄마인 나와는 나란히 서서 서로에게 배우고, 배운 만큼 한 걸음 나아가는 삶의 동지가 될 듯했다.

엄마 노릇도 내 식대로,
뻔뻔해지길 정말 잘했다

돌이켜 보면 나는 엄마 노릇도 '내 식대로' 해 왔다. '엄마라면 이 정도는 해야지'라는 외부의 기준으로부터 빠져나와 '나라는 엄마는 이렇게 할 거야'라는 것을 조금씩 채워 나갔다. 세상사가 단순하지 않듯, 아이를 기르는 일에도 명쾌한 해법이 없었다. 아이가 처한 상황이 달랐고, 내 아이만의 특성이 있었다. 때에 따라 나는 내 안의 '엄마 본능'에 묻기도 했고, 아이 안의 생명력과 성장의 힘을 마냥 믿기도 했다. 그 과정에서 정해진 규칙대로만 아이를 교육하려는 학교와 대립하기도 했고, 병원 말을 듣지 않고 내 마음대로 진료 스케줄을 조정하기도 했다. 불현듯 불안과 죄책감이 파도처럼 덮칠 때는 아이를 맡기고 각종 치유 워크숍에 며칠씩 참여하기도 했고, 모든 돌봄 노동을 멈추고 사나흘씩 멍하게 보내기도 했다. 작년에는 큰아이가 기숙사가 있는 학교에 들어가자마자 12년 만에 공부를 하겠다고 박사과정에 입학했다. 살림도 당분간 하지 않겠다고 선언하고, 아이들에게는 "이제부터 엄마의 1순위는 너희들이 아니다. 다만 엄마가 필요할 때는 언제든 달려가마"라고 말해 두었다. 다들 겉으로는 쓴웃음을 지으며 "그럴 수도 있지" 하고 고개를 끄덕였어도, 속으로 '엄마로서 어찌 그리 무책임하냐, 어찌 그리 뻔뻔하냐, 어찌 그리 마음대로 하냐'라는 비난 아닌 비난을 한다는 걸 알고 있었다. 하지만 그런 눈치가 보여도 주눅 들거나, 내 결정을 후회하지는 않았다. 나만의 엄마 노릇 외에 다른 정답은 없으니까. 그것 외에는 엄마와 아이가 함께 살 방법은 없었으니까.

그래서 쏟아지는 엄마 역할 속에서 숨도 못 쉴 만큼 바쁘게 살면서도, 혹여 아이에게 지우지 못할 상처를 줄까 봐, 아이를 잘못 기르고 있을까 봐 매일매일 불안해 하고 초조해 하는 엄마들에게 말해 주고 싶었다. 너무 애쓰지 말라고. '60점'짜리 엄마면 충분하다고. 그냥 뻔뻔해져도 된다고. 당신은 지금 최선을 다하고 있다고 당당하게 말해도 된다. 좀 게으르면 어떻고, 좀 부족하면 어떤가. 가끔은 좀 이기적이어도 괜찮다. 중요한 것은 아이의 삶만큼 자신의 삶도 소중히 여기는 '나다운 엄마'가 되는 것이다. 엄마가 자기 몸에 맞는 편안한 '엄마 옷'을 입어야 엄마의 삶이 즐겁고, 그래야 아이의 인생도 편안하게 흘러간다. 엄마가 여유로워야 아이가 그 빈 공간에 자기 자신을 펼친다. 엄마가 자기 삶을 힘껏 살아갈 때 아이도 자기 인생이 소중하다고 느낀다. '뻔뻔한 엄마'가 아이도 잘 키우는 이유다.

아이가 닮고 싶은 어른으로서의 엄마가 되어라

엄마는 아이를 돌보고 키우지만, 아이와 엄마는 완벽하게 다른 존재다. 따라서 아이의 성취는 엄마의 공이 아니며, 아이의 실패 역시 엄마의 탓이 아니다. 그러니 엄마들은 '아이에겐 스스로 자라는 힘이 있다'는 것을 믿어야 한다. 엄마에겐 아이의 운명을 좌지우지할 전지전능한 힘이 없으며, 아이는 엄마 말고도 친구, 선생님, 이웃과 다채로운 관계를 맺으며 자란다. 내 아이만 해도 삶의 기쁨과 사랑을 전해 준 수없이 많은 사람들 사이에서 성장했다. 할머니와 할아버지, 이모와 삼촌을 비롯한 친척들은 물론, 가장 좋은 치료법을 찾느라 애쓴 의료진, 기도를 아끼지 않은 마을 공동체 식구들, 친구 및 선후배들, 어떤 대가도 바라지 않고 아이와 깊이 만나 준 놀이 치료 선생님, 자원봉사 선생님들, 학교 선생님들, 동병상련했던 소아암 환우 엄마들, 나의 공부 동료들… 이 모든 사람들의 손을 잡고 여기까지 왔고, 또 앞으로 그렇게 살아갈 것이다. 엄마는 다만 가장 가까운 한 어른으로서, 열심히 자신의 삶을 살면서 아이에게 '이런 삶도 있단다'를 보여 줄 수 있을 뿐이다.

이 책에서 나는 엄마 노릇을 하며 겪었던 고통과 그 속에서 얻은 깨달음에 대해 말하려고 했다. 그 단순한 깨달음 덕에, 아이가 고통스러워할 때 마치 내 몸이 떨어져 나가는 듯 아팠던 순간에서 빠져나왔고, 이만큼 살아왔음을 말하고 싶었다. 아이와 한 덩어리로 얽힌 연결이 느슨해졌을 때, 비로소 그 공간에 나와 다른 존재인 아이와 함께하는 사랑과 기쁨이 채워진다는 걸, 지금 한참 아이와 단둘이 육아 현장에 유배되어 있는 초보 엄마에게 말해 주고 싶었다.

엄마로서 가장 큰 고통을 당한 듯 살아온 10년이지만, 지금 돌이켜 보면 나는 고통의 주변인이었다. 고통의 중심부에는 몸으로 병을 직접 겪고, 신체 기능의 일부를 상실한 아이가 있다. 누구 못지않게 헌신하고 기도했으나 결국 아이를 먼저 보내야 했던 엄마들도 있다. 고백하건대, 나는 그들이 겪은 고통이 얼마만큼인지 감히 알지 못한다. 다만 내가 고통의 중심부에서 비껴 난 것이 순전히 우연이듯, 그 고통은 내게 왔을 수도 있고, 언제든 내게 올 수도 있을 것이며, 누구에게도 갈 수 있다는 것만은 안다. 부디 나의 이야기가 고통에 말문이 막혀 차마 입을 떼지 못하는 사람들에게 작은 틈이라도 열어 준다면, 그보다 더 고마운 일은 없을 것 같다.

차례

Prologue

엄마들이여, 더 뻔뻔해져라

1장

나를 완전히 바꿔 놓은 10년간의 엄마 수업

2장

나는 뻔뻔한 엄마가 되기로 했다

3장

엄마가 가장 먼저 아끼고 사랑해야 할 사람은 자기 자신이다

4장

그 누구도 희생하지 않고 엄마와 아이가 함께 행복해지는 육아의 기술

1
2
4
7
5
8
9

1장

나를 완전히 바꿔 놓은 10년간의 엄마 수업

나는 뻔뻔한 엄마가 되기로 했다

01

—

'엄마 노력이 부족해서'라는 말은 틀렸다

지금으로부터 12년 전인 2006년, 우리 가족은 장밋빛 꿈에 부풀어 있었다. 오랜 전셋집 생활을 청산하고 드디어 내 집으로 이사를 간 것이다. 비록 대출이 만만치 않았지만 내 집을 가진다는 기쁨은 대출의 부담감을 떨치고도 남았다.

그해는 큰아들이 초등학교에 입학한 해이기도 했다. 네 살에 한글을 다 읽고 여섯 살에 구구단을 외웠으니, 학교에 가면 우등은 따 놓은 당상일 아들. 만나는 선생님마다 영재가 틀림없다고 칭찬을 아끼지 않은 아들. 틀림없이 학교생활 내내 부모에게 자랑을 안겨 줄 아들이었다. 영어면 영어, 수학이면 수학, 운동이면 운동, 어떤 분야에서든 두각을 나타낼 것이 분명했다.

작은아들은 두 돌을 향해 달려가고 있었다. 엉뚱하고 귀엽고 건

강한 그 아이 덕분에 많이 웃었고, 막 어린이집에 보내기 시작했으니 곧 육아의 부담에서도 벗어날 터였다.

모든 것이 순조롭고 평화로웠다. 내 집이 생겼으니 열심히 벌어 대출금을 갚고, 돈을 더 벌어서 강남으로 이사할 수 있으면 좋겠다는 욕심도 생겼다. 큰아들이 고학년이 되면 외국에 다녀올 꿈도 꾸었다. 조기 유학–경시대회–특목고–명문대로 이어지는 코스를 차근히 밟으려면 부모의 정보력과 경제력이 필요하다는 말에 크게 고개를 끄덕이며, 그 길에서 앞서 달려 나가리라 남몰래 주먹을 불끈 쥐었다. 부모가 이른바 명문대를 나왔고, 경제적으로 크게 부족하지 않았으며, 무엇보다 아이가 똑똑했으니, 성공은 시간문제일 뿐 이미 손아귀에 있는 것으로 여겼다.

'엄마'라는 이름으로
내가 할 수 있는 일은 거의 없었다

그해가 다 가기 전 겨울인 12월 어느 날, 큰아들이 감기에 걸렸다. 머리가 너무너무 아프다며 식은땀을 흘렸다. 동네 소아과 병원에 갔더니, 감기 증상은 아니고 편두통일 수 있으니 큰 병원에 한번 가 보라고 했다. MRI까지 찍었으나 딱히 이렇다 할 병은 발견되지 않았다. 그래도 아이는 계속 아팠다. 구토와 근육통과 극심한 피로를 호소하다가 나중에는 한쪽 눈이 보이지 않는다고까지 말했다. 한 달여 동안 이 병원, 저 병원을 돌아다니다가 받은 진단은 소아암이었다. 정확한 병명은 '중추신경계 림프종'으로, 뇌종양과 혈액암의 한 종류라고 했다.

놀랄 틈도 없이 강력한 항암 치료가 시작되었다. 알 수 없는 기계들이 아이의 몸에 붙고, 거대한 주삿바늘이 아이의 팔을 찌르고, 암세포를 죽인다는 약물이 투여되었다. 주삿바늘에 겁먹은 아이를 돌보랴, 쉴 새 없이 밀어닥치는 검사에 응하랴, 낯선 병원 생활에 적응하랴, 의사와 간호사들의 설명을 이해하랴, 무슨 일이 벌어지는지도 모르게 며칠이 지나갔다. 무슨 병인지, 어떻게 될 것인지를 친절하게 설명해 주는 사람은 아무도 없었다. 그러던 어느 날 밤, 아이가 잠들었을 때 노트북을 켜고 병에 대해 알아보았다. 모든 정보 첫머리에는 '중추신경계 림프종은 면역력이 약한 노인에게 잘 발생하며, 항암제에 반응을 잘 하지만, 1년 이내에 재발률이 높다. 5년 생존율은 3~4%이다'라고 적혀 있었다.

'뭐라고? 5년 생존율이 3~4%라고?'

그다음부터 어떤 정신으로 생활을 했는지 기억이 나지 않는다. 그저 '5년 생존율 3~4%, 5년 생존율 3~4%, 5년 생존율 3~4%'라는 문구만 머릿속에 둥둥 떠다녔다.

끝나지 않을 듯 길었던 한 달간의 입원을 마치고 집에 돌아온 첫날 밤에야 비로소 크게 울 수 있었다. 이게 꿈인가 생시인가. 어찌 내게 이런 일이 생기는가. 이제 나는 어찌해야 하는가. 만약에 지금 하는 항암 치료가 효과가 있다고 해도 금방 재발할 것이고, 다시 치료하고, 그걸 반복하다가 결국은 죽게 되는 것인가. 5년 동안 살 확률이 3~4%라니….

그동안 아들에게 못해 준 것만 생각났고, 가슴이 쥐어뜯기는 것처럼 아팠다. 아이들이 들을까 봐 베개를 적셔 가며, 소리를 삼켜 가며 울기를 몇 시간…. 창문 밖으로 동이 터 오는지 희미한 새벽빛이 보였지만 울음은 멈춰지지 않았다. 귀가 아파서라도 그만 울고 싶었는데, 어찌해야 울음을 멈출 수 있는지 알 수 없었다.

울음 속에서 생각이 꼬리를 물었다. 어떻게 하면 이 아이를 살릴 수 있는가. 부모인 내가 할 수 있는 일은 무엇인가. 전 세계 병원을 다 뒤져서라도 명의를 찾아가야 하나. 그러면 살 수 있나. 내가 저 아이를 안 죽게 할 수 있는가. 내가 잘한다고 저 아이가 안 죽는가. 안 죽는 사람이 어디에 있는가.

멈춰지지 않는 울음과 부질없는 생각의 소용돌이 속에 빠져 있을 때, 갑자기 머리를 묵직하게 울리는 깨달음이 왔다.

'사람은 다 죽는구나.'

할머니가 돌아가실 때도, 작은아버지가 젊은 나이에 돌아가실 때도, 단 한 번도 '내 일'이라고 생각한 적이 없었던 그 진실이 태산처럼 다가섰다.

'누구나 죽는구나.'

내가 잘못해서도 아니고, 내가 잘해서도 아니고, 나를 벌주기 위해서도 아니고, 누구나 죽는 것, 그게 존재의 법칙이었다. 그러니 그 진리 앞에서 '엄마'라는 이름으로 내가 할 수 있는 것은 아·무·것·도· 없었다. 저 아이가 내게 온 것이 내 의지가 아니었던 것처럼, 가는 것 역시 내 의지와 상관없었다. 나는 마치 내가 아이의 생명을 낳았고, 그 아이의 인생을 좌지우지할 수 있으며, 내가 노력하는 만큼 아이의 인생도 완전히 달라질 수 있다고 호언장담하면서 살았으나, 그만한 오만은 없었다.

저절로 입에서 "다 내맡기겠습니다"라는 말이 튀어나왔다. 그 순간 그토록 온몸을 뒤흔들던 울음이 거짓말처럼 잦아들었다. 두려움이, 불안이, 슬픔이 가라앉고 침묵과 평화가 찾아들었다. 새벽빛이 방 안을 가득 채우고 있던 그때, 3주 만에 처음으로 편안하게 잠들 수 있었다. 그리고 그때의 깨달음은 이후 치료 과정을 견디고, 삶의 방식을 밑바닥부터 바꾸는 데 더할 수 없는 힘이 되었다.

아픈 아이를 돌보며
깨달은 육아의 원칙

아이가 병에 걸린 지 10년이 넘은 지금도 가끔 두려움과 불안이 밀려온다. 다시 병이 찾아올까 봐 두렵고, 평온한 일상을 뒤집는 나쁜 소식이 돌연 날아들지는 않을까 하는 겁이 난다. 아이가 과연 스스로 서는 삶을 살 수 있을 것인지, 세상은 아이를 기꺼이 품어 줄 것인지, 과연 내가 엄마 노릇을 잘하고 있는 것인지, 문득문득 불안감이 엄습하기도 한다.

그럴 때는 길게 심호흡을 하고 "모든 걸 내맡기겠습니다"라고 머리 숙였을 때 그 새벽빛과 함께 찾아들었던 침묵과 평화를 떠올린다. 엄마인 내가 할 수 있는 일은 내 틀에 아이를 가두지 않기, 아이의 모습 그대로를 존중하며 사랑하는 마음으로 옆에 든든히 있어주기뿐이라는 것을. 그리고 잊지 않기로 한다. 아이가 어떤 모습으로 성장하는지, 어떤 삶을 사는지는 내 욕심과 기대와는 아무런 상관도 없다는 것을. 엄마의 어떤 노력도 다른 한 존재인 아이의 운명을 바꿀 수 없다는 것을. 아이가 제 모습 그대로 자라나 꽃을 피우는 것은 내 욕심과 기대를 내려놓고 아이의 미래까지도 온전히 내맡겼을 때 저절로 일어나는 존재의 기적이라는 것을.

02 아이 걱정의 대부분이 아이에게 결코 도움이 안 되었다

사실이 드러나는 순간은 고통스럽다. 세상에 존재하지 않던 그 무엇이 나타나 우리를 공격해서가 아니다. 내가 가지고 있던 기대나 바람, 확신을 모두 버리고 새로운 시각으로 바라봐야 하는 과정이 마치 살점이 뜯겨 나가는 것처럼 아프기 때문이다. '오이'라고 알고 있던 것이 '강아지'나 '빗자루'로 밝혀지는 순간은 모래사장에 공들여 쌓은 모래성이 단 한 번의 파도로 흔적도 없이 사라져 버렸을 때처럼 황망하다.

여러 가지 검사 끝에 아이가 암이라는 진단을 받던 순간이 그랬다. 나는 그 이야기를 병실 문 앞에서 2년차 레지던트에게 들었다. 레지던트치고는 나이가 들어 보이는, 친절하고 수더분한 사람이었다. 아이가 잘 잤는지를 묻더니 잠깐 밖에서 이야기하자고 불러냈다. 그는 어떻게 말해야 할지 몰라 쩔쩔매면서 어렵게 말했다.

"어머니, MRI에서 병변이 발견됐어요."

나는 그게 무슨 뜻인지 몰라서 눈을 껌벅거리다가 "병변이라니요? 그게 뭐예요?"라고 되물었다. 그는 안타까움과 미안함과 막막함이 뒤섞인 표정으로 다시 말했다. "뇌에 뭐가 있는데, 아직 정확히 뭔지 몰라서 검사를 더 해 봐야 해요. 어쩌면 종양일 수도 있어요."

"뭐라고요?"

그 순간 다리에 힘이 풀리고 세상이 깜깜해졌다. 행여 아이가 들을세라 울음이 터져 나오는 입을 손으로 틀어막고 병원 복도에 주저앉아 버렸다.

"우선 PET 찍고, 본 스캔bone scan 찍고, 골수 검사도 할 거예요. 그리고 오늘은 요추 천자를 할 거예요. 척수액을 빼내서 검사하면 종양이 악성인지를 알 수 있어요. 그거 할 때 움직이면 안 되거든요. 혹시 아이가 협조를 못 하면 수면 유도제를 써야 해요. 검사 부작용이랑 과정을 아셔야 하니까, 이거 읽어 보시고 동의서에 사인 좀 해 주세요."

의사는 나를 일으켜 세우면서 마치 정신 차리라는 듯 온갖 전문용어와 앞으로의 일정과 해야 할 일을 쏟아 냈다. 그리고 넋이 나간 채로 덜덜 떨면서 사인하는 내게 한마디 덧붙였다.

"어머니, 그래도 무슨 병인지 알게 돼서 얼마나 다행이에요. 이제 치료만 하면 되잖아요."

'엄마'라는 이름을 가진
30대 여자의 민낯

다행이라니. 그 말이 무슨 뜻인지는 나중에야 알게 되었지만, 당시에는 그 말이 전혀 귀에 들어오지 않았다. 당장 아이가 어떻게 될 것처럼 온몸이 부들부들 떨리고 혼이 빠진 것 같았다.

곧 다른 의사가 병실을 찾았다. 요추 천자를 통한 척수액 검사를 하기 위해서였다. 의사는 침대 주위에 커튼을 치고 능숙하게 가지고 온 보따리를 풀었다. 주먹 두 개가 들어갈 만큼 큰 구멍이 뚫린 커다란 천, 여러 종류의 거즈, 길고 굵은 주삿바늘이 보였고, 소독약과 핀셋 그리고 가위 같은 것들이 사각 스텐 그릇에 담겨 번쩍거렸다.

의사는 겁먹고 있는 아이와 나에게 요추 천자 과정을 설명했다. 요추 천자란 척수액을 빼내기 위한 과정이다. 인간의 뇌는 머리뼈 안에 있는 대뇌와 등뼈 안에 있는 척수로 이루어져 있고, 뼈와 뇌 사이에는 척수액이 흐른다. 뇌에 악성 종양이 생기면 척수액 안에 미성숙한 백혈구가 생성되는데, 이 백혈구의 유무를 알아낼 수 있는 방법이 척수액 검사다.

그런데 그 과정이 영 쉽지 않다. 우선 옆으로 누워서 무릎을 굽혀 팔로 감싸 안고, 머리는 무릎에 닿게 푹 숙여야 한다. 그러면 등뼈가 동그랗게 휘어지면서 오돌토돌한 등뼈 마디가 나오는데, 등뼈 마디 사이의 움푹 들어간 공간을 손으로 잘 찾아 굵고 긴 바늘을 찌른다. 이때 등뼈를 찌르면 바늘이 안 들어가고, 잘못된 곳을 찔러 혈관을 건드리면 피가 나온다. 바늘이 척수강에 알맞게 도달했을 때 멈추고 조금 기다리면 말간 액체가 주삿바늘 끝에 몽글몽글 맺히면서 흘러나오는데, 이게 척수액이다. 척수액을 채취한 다음 그 자리에 항암제를 주입하면 요추 천자 절차가 마무리된다.

의사는 아이에게 천천히 이 과정을 설명해 준 다음 아이를 보고 말했다.

"그러니까 절대 움직이면 안 돼. 그럼 더 아프거든. 만약 네가 너무 무서워서 가만히 있기 힘들면 잠자는 약 맞아야 돼. 잠자는 약은 유치원생한테 주는 거고, 아홉 살이나 됐으니까 우리 한번 잠 안 자고 해 보자. 할 수 있지? 힘들면 말해. 알았지?"

의사는 아이를 잘 구슬렸고, 아이는 내키지 않은 표정으로 고개를 끄덕였다.

"자, 윗옷 벗고, 옆으로 눕자. 등도 굽히고, 무릎도 굽혀서 가슴 쪽으로 끌어당기고, 팔로 무릎을 꼭 잡아. 머리는 푹 숙여야 해. 어머니, 아이 좀 도와주세요. 등 안 펴게 꽉 잡고 계세요."

"아, 네."

나는 의사가 하라는 대로 침대 위에 올라가 아이 머리를 숙이게 하고, 등이 펴지지 않게 꽉 잡고 있었다. 오돌토돌한 등뼈가 보이고, 수술용 장갑을 낀 의사의 손이 두꺼운 주삿바늘을 들자 나도 모르게 가슴이 오그라들었다. 몸을 새우처럼 구부리고 있는 아이도 팽팽하게 긴장하는 것이 느껴졌다.

"자, 이제 움직이면 안 돼. 바늘 들어간다."

나도 모르게 눈을 감았던가. 겁먹은 아이의 몸이 딱딱해졌고, 바늘은 튕겨 나왔다. 아이는 울음을 터뜨리기 일보 직전이었다.

"움직이면 안 된다잖아. 좀 참아. 안 그러면 잠자는 약 먹어야 한다잖아."

내 입에선 평소 습관대로 잔소리가 나왔다. 순간, 아이가 신경질적으로 답했다.

"엄마, 엄마가 이 주사 맞아 봤어?"

그 말을 듣는 순간, 아이가 얼마나 아플지에 대해서는 아랑곳하지 않았던 몇 초 전 내 모습이 지나갔다. 내가 뱉은 말을 다 주워 담고 싶었다. 아이의 두려움과 불안, 통증은 분명히 그때 내가 고려했던 1순위가 아니었다. 나는 내 불편함만 어서 해결하고 싶었다. 수면 유도제는 되도록 맞지 않은 상태에서, 가능한 빨리 이 어려운 검사가 끝나기만을 바랐다.

나는 입을 다물었다. 아이는 의사의 지시대로 몸을 움직이면서 힘을 뺐고, 수면 유도제 없이 무사히 검사를 마쳤다. 나는 아이에게도, 의사에게도, 스스로에게도 부끄러웠고 혼란스러웠다. 그러나 이 일은 '엄마'라는 이름을 가진 30대 여자의 민낯이 어떤지 드러내는 일의 시작에 지나지 않았다.

내 인생을 바꿔 놓은 아이의 한마디

엄마들은 아이가 아프면 이렇게 말하곤 한다. "마음 아파서 아이 아픈 걸 어떻게 봐요?" "차라리 내가 아픈 게 낫지." 그러나 나는 그게 거짓말이라는 걸 알았다. 아이의 뼈아픈 한마디를 통해서.

그날 저녁, 척수액에서 다수의 암세포가 발견되었다는 소식과 함께 '중추신경계 림프종'이라는 최종 진단이 내려졌다. 10여 명이 넘는 의료진이 한꺼번에 병실에 들이닥쳐서 아이를 한번 쓱 보더니 '선고'를 했다.

"척수액 검사에서 암세포가 133개 발견됐습니다. 아마 눈이 안 보인 것도 그 종양이 시신경을 침범해서인 것 같습니다. 내일부터 항암에 들어갑니다. 자리가 나는 대로 소아암 병동으로 옮겨 갈 거고, 주치의도 이제 소아혈액종양과 교수님으로 바뀔 겁니다."

MRI에서 발견한 '병변'이 이름을 가지는 것과 동시에 치료 계획이 잡히고, 뿌옇기만 하던 길의 정체가 서서히 드러났다. 약 1년간 입원과 퇴원을 반복하며 항암을 할 것이며, 방사선 치료를 할 수도 있는데, 그건 그 분야 전문의와 상의해서 결정한다고 했다. 한두 달

동안의 방황과 의문에 드디어 마침표를 찍는 순간이었다.

의료진이 돌아간 후 빈 병실에는 아이와 나만 남았다. 아이는 아무렇지 않아 보였다. 단어가 어려워서 무슨 말인지 이해를 못 한 건지, 아니면 못 들은 척하는 건지, 진짜 못 들은 건지 알 수가 없었다. 아이는 그저 척수 검사 이후에 누워 있어야 한다는 의사의 지시에 따라 네 시간째 침대에서 꼼짝 않은 채 잘 보이지 않는 눈으로 병실 TV를 멍하니 보고 있었다.

"선생님 얘기 들었어?"

"어. 종양이라며."

"그렇대. 암이래. 치료를 오래 받아야 한대."

나는 말을 다 잇지 못하고 아이의 얼굴을 감싸 안으며 울음을 터뜨렸다.

"현서야, 미안해. 진짜 미안해. 너 이렇게 아픈 줄도 몰랐네. 어떡하니, 우리 아들. 이제 어떻게 하니?"

눈물 콧물 쏟으며 아이를 끌어안고 울다가 아이를 보니 엄마가 그러는 게 당황스럽기만 한 것 같았다. 그리고 도저히 이해가 안 간다는 듯 물었다.

"엄마, 내가 아픈데 왜 엄마가 울어?"

머릿속을 뎅 울리는 아이의 질문. 지금까지도 아이 걱정에 애가 타면 나 자신에게 던지는 '중요한 질문'을 그때 아이가 던졌다.

정말 그랬다. 내가 아픈 것도 아닌데 나는 왜 우는가. 아픈 저 아이는 안 우는데 남인 내가, 타자인 내가 왜 우는가. 엄마기 때문에 우는 게 당연한 건가? 엄마라는 사람의 괴로움은 도대체 어디서 비롯된 건가?

답을 할 수가 없었다. 정말 알 수가 없었다. 어쨌든, 아이의 그 질문으로 나는 울음을 멈췄다.

결국, 내가 걱정한 것은 내 인생이었다

며칠 후, 주말이 되어 아이 아빠가 잠시 병실을 지키는 동안 나는 28개월 된 둘째도 보고, 입원 물품도 챙기기 위해 집에 들렀다. 병원 밖 세상은 며칠 전과 완전히 달랐다. 빠르게 돌아가는 장면들 사이에서 나만 슬로우 모션으로 움직이고 있었다. 오랜만에 청소를 하고, 따뜻한 욕조에서 목욕을 하고, 밥을 지어 먹고, 둘째 아이를 재웠다. 그런데 참 이상했다. 나는 괴로워야 하는데, 아이가 암에 걸려서 지금 병원에 있는데, 그 잠깐의 저녁만큼은 생동감 있고 행복했다. 다시 병원으로 돌아오는 길에, 난 내게 다시 물었다.

'만약 네가 대신 아프고 아이가 괜찮아진다면, 그렇게 할 것인가?'

'네가 아픈 게 나은가, 아들이 아픈 게 나은가?'

질문과 동시에 답이 보였다. 분명, 엄마인 내가 아픈 것보다는 아이가 아픈 게 나았다. 내 팔, 내 다리가 묶인 채 온갖 링거를 맞으며 통증으로 괴로워하는 것보다, 밖에 나와서 돌아다니며 간병하는 입장이 분명히 나았다. 다른 가족을 생각해도 마찬가지였다. 엄마가 아프면 누가 간호할 것이며, 아직 어린 둘째는 누가 돌볼 것이며, 병에 걸린 엄마 때문에 가족 전체에 퍼질 우울하고 침체된 기운은 또 어떻게 할 것인가. 도저히 선뜻 '아이 대신 아프기'를 선택할 수 없었다.

'엄마'라는 이름을 달고 있는 30대 여자의 민낯은 이렇듯 초라했다. 내가 아픈 것보다 아이가 아픈 게 더 낫다고, 그게 더 나은 상황이라는 걸 쓰라리게 받아들이자, 아이가 아프다는 사실에 하늘이 무너질 것처럼 괴로운 이유도 어렴풋이 알 것 같았다. 난 아이가 얼마나 괴로울까를 걱정하고 있지 않았다. 내가 걱정한 것은 '내 인생'이었다. 어떻게 내 인생에 이런 일이 생겼는지가 억울했다. 건강하고 똑똑한 아이로 길러 내고 싶은 바람은 물거품이 되었고, 내 커리어는 뒷전으로 밀려났다. 편안하고 재미있게 키우고 있던 둘째 아이도 남의 손에 맡겨야 할 형편이 되었다. 무엇보다, 무슨 일이 벌어질지 모르는 막막한 벼랑 끝에 서서, 앞으로 펼쳐질 상황을 견뎌내는 일만 남았을 뿐, '선택'이란 더 이상 불가능하다는 사실이 고통스러웠다. 내 괴로움의 뿌리는 바로 거기에 있었다. 끝없는 자기 연민. 아이를 걱정한다고 했지만, 내 인생 걱정이 먼저였기 때문에 어떤 걱정도 아이에게 도움이 될 리 없었다. 오히려 아이는 '걱정하는 엄마'를 걱정하며, 엄마의 걱정을 덜어 주기 위해 자신을 속이며 원하지 않은 일을 감당했다. 그것도 모르고 나는 '아이 걱정'이라는 이름으로 나의 처지를 불쌍히 여기기만 했다.

아무리 아이를 사랑해도
아이와 한 몸이 될 수는 없다

있는 그대로의 사실을 드러내고 직면하는 일은 고통스럽다. 그러나 '내 진실이 이랬구나' 하고 한번 받아들이고 나면, 그다음 발걸음은 이전의 것과 달라진다. 뚜렷한 목적 없이 습관적으로 가던 길이 잘못된 곳을 향했었다는 사실을 깨닫고 발걸음을 멈추게 되는 것이다.

나는 '아이와 엄마는 한 몸이 아니다', '내가 아픈 것보다는 아이가 아픈 게 더 낫다', '내가 괴로운 것은 자기 연민 때문이다'라는 진실을 알게 된 후 비로소 아이를 위한 '행동'을 할 수가 있었다. 최소한 아이를 위한다는 이름으로 내 욕망을 충족하거나, 아이를 감정의 배설구나 방패막이로 삼지 않게 되었다. 그리고 아이에게 어떤 말이나 행동을 하기 전에 '이것이 진정 아이를 돕기 위한 것인가? 아니면 내 욕심을 채우기 위한 것인가?'라고 진지하게 되묻게 되었다. 고통스러운 만큼 소중한 깨달음이었다.

03

무엇이든 해 주는 '좋은 엄마'가 오히려 아이를 망친다

큰아이를 임신했을 때, 난 잡지사 기자였다. 그것도 육아 전문지 기자. 결혼도 하기 전에 임신, 출산, 육아, 교육에 대한 기사를 썼다. 출산휴가를 끝내고 복직할 때는 '이제 비로소 아이 엄마가 되었으니 더 유능한 기자가 될 것'이라 생각했다. 그러나 한 달에 열흘 야근은 기본, 그중 며칠은 밤을 새워 일해야 하는 잡지사 일은 '아이 엄마'로서는 꽤 많은 희생을 필요로 했다. 아이를 친정에 맡기고 주말에만 만나다가, 몇 달 후 아예 친정 옆으로 이사를 갔다. 아이는 매일 볼 수 있었지만, 여전히 아이와 여유로운 한나절을 보낸다는 건 꿈도 꿀 수 없었다.

그렇게 살고 싶지 않았다. 잡지사 기자라는 직업에도 회의가 들었다. 인터넷이 활성화되기 이전 시절, 잡지 기사란 '쓰고 버리는 소모품'이었다. 기자 역시 회사를 벗어나면 '아무것도 아닌' 직업이었다. 나이가 들어도 오래오래 파트타임으로 일할 수 있는 직업을 갖고 싶었다. 취재하면서 알게 된 언어치료사라는 직업이 딱 그렇게 보여서, 회사를 그만두고 언어병리학과 대학원에 들어갔다. 등록금을 벌어야 했기에, 프리랜서 편집자로 자녀 교육에 관한 책을 만들었고, 대학원을 졸업할 때는 큰아이와 다섯 살 터울로 둘째를 낳았다. 그리고 약 1년여 동안, 큰아이가 병이 나기 전까지 꾸준히 일을 하면서 아이를 키웠다.

'유능한 엄마'가 '좋은 엄마'인 줄 알았다

그때까지 난 일과 육아 모두를 놓치고 싶지 않은, '보통'의 '바쁜' 엄마로 기를 쓰고 살았다. 스스로가 '유능한 엄마'임을 의심하지 않았다.

유능한 엄마.

육아지 기자 시절부터 내게 '좋은 엄마'란 '유능한 엄마'와 같은 말이었다. 전문가들은 한결같이 아이의 능력을 최대치로 키워 주는 엄마가 되는 것이 모든 엄마가 가야 할 길이라고 했다. 소아과, 소아정신과, 산부인과 의사들은 똑똑하고 튼튼한 아이로 키우기 위해 먹어야 할 것, 해야 할 일들을 알려 주었다. 유아교육과, 아동학과 교수들은 남다른 아이로 만드는 교육 이론을 소개했다. 학습지 회사, 장난감 회사 연구원들은 자기 회사 제품을 쓰기만 하면 아이의 능력이 200% 이끌어질 거라고 말했다. 붐을 일으키며 하루가 다르게 늘어나는 조기교육 센터와 각종 영재교육원의 교사들은 상위 1%만이 자신들의 교육을 받을 수 있다며 콧대 높게 외쳤다. 모두 하나같이 엄마가 어떻게 하느냐에 따라서 아이의 미래가 결정되니, '결정적 시기'를 놓치지 말고 '반걸음 앞에서' 아이를 이끌어 주라고 했다. 간혹 만나는 '느리게 키워라'를 강조하는 전문가도 '그래야 아이가 유능하게 된다'고 했다. 결국 도달해야 할 목표는 '능력 있는 아이로 키우기'였다.

난 그 말을 그냥 받아들였다. 어떠한 의심도 하지 않았다. 신사임당이 신사임당인 이유는 이율곡을 키워서였고, 한석봉은 엄마의 혹독함 덕에 한석봉이 되었으니, '엄마'라는 이름 앞에 던져진 일들은 거부할 수 없는 '절대명령'이었다. 임신 중에는 모차르트 음악을 틀었고, 돌도 안 된 아이를 데리고 '0세 교육'이라며 플래시 카드를 보여 줬다. '리틀 아인슈타인'의 엄마를 따라 매일 30권의 책을 읽느라 목이 갈라졌다. 40개월이 된 아이가 한글을 다 읽자 영재교육 센터에 데리고 갔다. 그 작은 꼬마가 자기 몸보다 더 큰 의자에 앉아 책을 들여다보는 모습에 저절로 올라가는 입꼬리를 짐짓 애써 내리면서, 머릿속으로 다음에 밟을 스텝을 고민했다.

아이가 아프기 직전에도 난 교육 관련 책을 만들고 있었다. 토익 시험에서 만점을 받은 열두 살 아이, 외국 한 번 안 가 보고 아이비

리그에 턱 하니 입학한 아이들과 부모들에 대한 책이었다. 그들이 어떤 스케줄에 따라 어떤 교재와 어떤 방법으로 공부했는지를 소상히 취재해서 썼다. 한참 특목고, 자사고의 붐이 일어날 시기였다. 공부 하나 잘하면 사회의 주류 자리를 꿰찰 수 있을 거라고, 아이는 부모가 놓쳤던 기회를 잡아챌 수 있을 거라고 믿던 때기도 했다.

그들처럼 아이들을 키우고 싶었다. 초등학교 1학년. 이제 막 긴 레이스의 출발점에 선 아줌마들은 앞서거니 뒤서거니 팀을 짜서 아이들을 공부시키기 시작했다. 나는 아이의 하루 시간표를 짰고, 몇 년 단위 계획도 세웠다. 피아노 주 3회, 글쓰기 주 1회, 아이가 원하는 바둑 매일, 그리고 주 2회 미술, 주 1회 영어. 결코 과하다고 생각하지 않았다. 이 정도는 해야 아이비리그는 못 가더라도 최소한 부모가 다녔던 서울에 있는 유명한 4년제 대학에 들어갈 것이 아닌가. '당연히' 학교에 가고, '당연히' 결혼을 하는 것처럼, 봄이 가면 여름이 오고, 오지 말래도 뒤이어 가을이 오는 것처럼, 아이의 능력을 키워 주는 건 '당연히' 엄마라면 해야 할 일이었다.

'아이를 위해서'라는 말이
진짜 위험한 이유

그 '당연하다'는 생각이 진실을 가리는 장막이었다는 사실은 한참 뒤에서야 알았다. 아이는 1년여간의 투병 생활을 마치고 지리산으로 내려와서 지낼 때 옛날 일을 떠올리며 이렇게 말했다.

“엄마, 나 그때 진짜 바쁘고 힘들었는데. 피아노는 정말 싫었어. 가끔 빠졌는데 엄마 몰랐지? 추운 날 혼자서 학원에 갔고, 배가 고파서 호봉토스트에서 오뎅 국물도 진짜 맛있게 사 먹었는데.”

“너 그때는 그런 얘기 안 했잖아?”

“나 피아노 다니기 싫다고 했는데, 엄마가 억지로 보냈잖아. 꼭 해야 된다고.”

그랬다. 나는 아이 시간표를 짜면서도 정작 아이에게는 묻지 않았다. 아이가 무엇을 할 때 즐거운지, 어떤 공부를 하고 싶은지, 이 시간표대로 할 수 있는지를 묻지 않았다.

어디 아이에게만 묻지 않았던가. 나는 나에게도 묻지 않았다. 아들이 잘나가면 대체 나한테 뭐가 좋은지 묻지 않았다. 아이가 의사가 된들 내가 의사가 되는 것도 아니고, 아이가 부자가 된들 내가 부자가 되는 것도 아닌데, 그것이 왜 나의 자랑이 되고 나의 좌절이 되는지를 한 번도 물어본 적이 없었다. 그저 ‘당연한’ 엄마 노릇으로 알고 있던 일들을 ‘당연하게’ 했을 뿐이었다. 아이에게 하라고 했던 일 중에 아이가 진짜 원했던 것은 단 하나도 없었다. 아이 말이 진짜 사실이었다.

피아노만 해도 그랬다. 나는 ‘악기는 어렸을 때 습관처럼 몸에 익혀야 배울 수 있다’는 말을 철석같이 믿고 있었다. 아이는 분명히 싫다고 말했는데도, 그 말을 귀에 들여놓지도 않고 자연스럽게 흘려보내는 배짱은 ‘그게 당연하다’는 생각에서 비롯되었다.

그걸 왜 당연하다고 생각했을까? 오랫동안 답을 찾아본 끝에 그 이유를 알게 되었다. 나는 아이를 통해 내가 '좋은 엄마', '훌륭한 엄마'임을 보이고 싶었던 것이다. 100점짜리 성적표를 받아서 자랑하고 싶었던 것이다.

아이는 엄마가 하라니까, 엄마를 사랑하니까, 엄마의 사랑을 잃고 싶지 않으니까, 엄마가 하라는 대로 했다. 나는 아이의 그 지극한 사랑의 마음을 내 인생을 장식하는 장식품으로 사용했다. 아이가 죽을병에 걸리고서야 나는 비로소 알게 되었다. 내가 아이를 위한다고 했던 모든 일은 아이'만'을 위한 게 아니었음을. 나는 한 번도 아이의 이야기를 제대로 듣지 않았고, 아이가 원하는 것에 관심을 두지 않았음을. 만약 아이가 죽음의 문턱에 다녀오지 않았더라면, 나는 아직도 '아이를 위해서'라는 이름으로 나의 무의식적인 욕망을 충족시키고 있었을 것이다. 어쩌면 아이는 자신의 목숨을 걸어서 자신의 목숨을 지켰는지 모른다. 그러니 얼마나 다행인가. 나의 무의식적인, 음흉한 시도가 성공하지 못해서.

04

—

아이를 위한다면 차라리 아무것도 하지 않는 게 나았다

병원 생활은 분주했다.

항암제를 비롯한 각종 약들이 몸에 들어가자 아이를 괴롭히던 증상은 대번에 좋아졌다. 언제 아팠냐는 듯 아이는 전처럼 깔깔거리며 웃었고, 놀 거리를 찾아 두리번거리며 병원 생활을 누리기 시작했다. 마음대로 만화책을 보았고, '메이플스토리', '카트라이더', '크레이지 아케이드' 같은 온라인 게임의 세계에 발을 들여놓았다. 게임을 할 수 있어서 얼마나 좋았던지, "엄마, 나는 시력을 잃고 암에 걸렸지만, 게임을 얻었어"라고 말할 정도였다.

나도 병원 생활에 적응해 갔다. 소아암 병동에서 엄마의 역할은 간호사 이상이었다. 잠시도 엉덩이 붙일 틈이 없었다. 새벽 4~5시에 간호사가 간단한 피검사를 하러 병실에 들어온다. 손가락 끝을

콕 찔러서 혈액 한두 방울을 짜내서 적혈구, 백혈구, 혈소판의 숫자를 확인한다. 이 검사를 매일 한다.

7시에는 레지던트 회진이 있다. 밤새 아이가 어땠는지, 새롭게 나타난 증상은 없는지를 주치의에게 말하고, 전날 검사 결과에 대해 듣는다.

7시 반에는 아침밥이 온다. 아이를 깨워 밥을 먹일 것인지를 그날그날 상황에 따라 결정해야 한다. 밥을 먹으면 오전에 먹어야 할 약을 주고 약물을 투여하러 간호사가 온다. 약을 다 먹이고 나면 오전 10시쯤. 드디어 교수님이 인턴, 레지던트, 간호사를 포함한 예닐곱 명의 의료진을 이끌고 회진을 돈다. 이때 아이의 활기에 대한 판단과 치료 일정 또는 병증의 진행에 대한 이야기를 들을 수 있기 때문에, 어떻게든 병실에 있는 게 낫다.

회진이 끝나고 나면 비로소 한숨을 돌리고 '병실 살림'을 시작한다. 아이를 씻기고, 용변도 보게 하고, 안 먹은 아이는 밥도 먹인다. 그러면 곧 점심시간. 항암 중에는 아이가 수시로 토하거나 설사를 하는데, 그럴 때마다 아이의 옷을 갈아입히고 몸을 씻기고 침대 시트를 갈아야 한다. 스테로이드 제제가 투여될 때는 입맛이 수시로 변하고, 끊임없이 먹을 것을 찾는다. 여러 가지 음식을 사다 나르기도 하고, 밖에서 해 오기도 한다. 그러면서도 아이가 활기와 재미를 잃지 않게 하려고 애쓴다. 어떤 엄마는 입원할 때 배가 불룩한 TV를 가지고 오기도 했다. 반드시 TV를 보면서 밥을 먹는 아이를 위해서였다. 아이가 기분이 좋아야 밥도 먹고, 주사도 맞고, 항암도 하고, 검사에 협조도 하니, 아이 기분 맞추기보다 중요한 일은 없었다.

항암을 위해 입원할 때는 아이 컨디션이 비교적 좋아서 병원 생활도 수월했다. 그러나 항암제가 위력을 떨쳐 부작용 때문에 입원하는 일이 더 많았다. 항암제는 암세포뿐만 아니라 우리 몸에 존재하는 '빨리 성장하는 세포'를 다 죽인다. 그 대표적인 세포가 바로 백혈구인데, 항암제가 백혈구를 죽이는 속도가 백혈구가 만들어지는 속도를 앞지르는 순간이 되면, 면역력이 바닥을 치고 온갖 감염에 취약해진다. 이 시기에 감염이 되면 그야말로 빈대 태우려다 초가삼간 태우는 일이 발생한다. 면역력이 바닥인 상태에서는 공기 중에 당연히 떠돌아다니는 바이러스나 오염 물질, 곰팡이 같은 것을 이겨 낼 수 없기 때문에, 평소에는 아무렇지 않을 감염으로도 심각한 상태에 이르는 것이다.

이런 일을 막기 위해서 위생을 철저히 지킨다. 생야채, 생과일은 금물이다. 김치도 먹을 수 없다. 요구르트, 아이스크림도 안 된다. 우유는 멸균우유만 허용된다. 매번 손 소독제로 손을 씻어야 한다. 균을 모조리 죽인다는 의료용 소독 제품을 사용하여 하루 한 번씩 방을 닦아야 하고, 외출할 때는 멸균 마스크를 사용해야 한다. 그래도 감염이 되면 열 일 제치고 응급실로 달려와 무균상태인 병동에 입원해야 한다.

그러니까 요약하자면, 병원에 있을 때나 집에 있을 때나 소아암 아이를 돌보는 엄마들은 걱정할 틈, 괴로워할 틈이 없었다. 신생아를 키우는 노동의 다섯 배쯤 되는 에너지가 필요했고, 아이가 눈앞에서 토하거나, 핏기가 없어 쓰러지거나, 열이 나는 일이 거의 늘 일어났다.

아마 그래서 버틸 수 있었을 것이다. 덕분에 '내 아이가 암에 걸렸다'는 비탄감 따위가 들어설 마음의 틈이 없었다. 해야 할 일이 늘 잔뜩 쌓여 있었고, 늘 새로운 상황이 눈앞에 닥쳤다. 마치 '미션'을 '클리어' 하는 것처럼 주어진 일을 해내고 문제를 해결하면 되었다. 의사들도 언제나 문제와 해결책을 말했다. 암세포는 항암제로 해결하고, 빈혈에 대한 해결책은 수혈이었다. 열이 나면 해열제와 항생제를, 두드러기가 나면 알레르기 약을 쓰고, 점막이 벗겨지면 그에 해당하는 약물을 투여했다. 기침이 나면 기침 억제제가, 통증이 심하면 진통제나 안정제가, 기분이 나쁘면 항우울제가 주어졌다.

그러나 '해결책'이 다 소용없어지는 순간, 오지 않던가.

내가 진짜 '엄마'라고
느꼈던 순간

두 번째 항암을 시작할 무렵, 의사는 방사선 치료를 함께 받자고 했다. 뇌는 튼튼한 두개골 때문에 항암제가 스며들기 어려우므로, 종양이 있었던 부분을 방사선으로 제거하자는 거였다(내 귀에는 '뇌를 지져 버리자'로 들렸다). 일주일에 다섯 번씩 한 달 반 정도를 매일 병원에 들러서 방사선 치료를 받았다. 그와 동시에 고용량 항암이 시작되었다. 암세포를 처음에 죽여야 하므로 3차 항암까지는 일반 항암보다 센 농도로 항암을 한다고 했다. '지나치게 강도 높은 치료가 아닐까?' 하면서도 안 할 도리가 없었다.

처음에는 잘 견디는 듯했다. 방사선 치료는 5분 정도 방사선 기계에 들어갔다가 나오는 것이었고, 별다른 부작용도 없었다. 그런데 열흘쯤 지나고, 고용량 항암이 가장 위력을 떨칠 시기가 오자 면역 수치는 바닥을 쳤다. 열이 나고, 설사를 하고, 입안이 헐었다. 숨을 헐떡거렸고, 걷지도 못했다. 응급으로 입원을 하고, 수치가 오를 때까지 항암과 방사선 치료는 연기되었다.

수치는 좀처럼 오르지 않았다. 열이 펄펄 끓으면서도 늘 재미있는 것을 찾던 아이가 침대에 누워 꼼짝도 하지 않았다. 먹지도 마시지도 않았다. TV도 만화책도 보지 않았다. 보드게임을 함께 해 주던 이모, 삼촌이 찾아와도 일어나지 않았다.

처음에는 어떻게든 약을 먹여야 나을 것 같았다. 구슬리기도 하고, 화도 내 보았다. 그러나 그 모든 시도가 소용없었다. 구강 점막이 다 헐어 먹지 못하니 점막을 보호하고 상처를 아물게 한다는 항생제 물약을 먹여야 하는데, 침도 못 삼키는 아이가 어떻게 약을 삼키겠는가. 먹지 않은 식판이 쌓여 갔고, 해열제, 항생제, 지사제, 소화제 등의 약도 함께 쌓여 갔다.

나는 할 일이 없어졌다. 엉덩이 붙일 틈도 없이 바빴던 병원의 하루가 통째로 텅 비었다. 내가 유일하게 할 일은 침상에서 소변을 받고, 그 양을 기록하는 것뿐이었다. 의료진도 면역 수치가 낮아 혹시라도 패혈증에 걸리지나 않을까 하고 걱정하면서, 매일 혈액 수치를 검사하는 게 전부였다.

"책 읽어 줄까?"

나는 책을 들었다. 아이가 네 살에 한글을 깨친 이후로 한 번도 읽어 주지 않던 책이었다. 아이는 기력이 쇠한 노인처럼 천천히 고개를 끄덕였다.

여덟 살, 아홉 살, 열 살 아이들이 주인공으로 나오는 책을 읽어 주었다. 듣는 건지 안 듣는 건지 알 수 없었는데, 웃음이 나올 법한 장면에서 아이는 힘없이 입꼬리를 올렸다. 머릿속에 '오늘 검사 결과는 어떻게 나왔을까?'라든가, '영양제를 더 빠른 속도로 맞아야 되는 건 아닐까?'와 같은 생각이 똬리를 틀 때는 이야기에 빠져들지 못하고 글자만 기계적으로 읽곤 했다. 그럴 때면 아이는 귀신처럼 알아채고 "엄마, 무슨 생각해?"라고 물었다.

그러기를 사흘이 지나고 일주일이 지났다. 백혈구 수치는 끈질기게 오르지 않았다. 그저 기다리는 일뿐이었다. 아이는 신생아처럼 잠을 많이 잤고, 깨어 있을 때는 엄마가 읽어 주는 책에 귀를 기울였다.

또 한 권의 책을 다 읽어 준 어느 날이었다. 시골에서 산으로 강으로 들로 마음껏 뛰어다니는 아이들의 이야기에 빠져 있던 아이는 “아, 재밌다”라며 흡족한 미소를 지었다. 나는 책을 덮고 아이에게 물었다.

“다 나으면 뭐 하고 싶어? 제일 하고 싶은 게 뭐야?”

“엄마, 나는 다 나으면 마당 있는 데서 살고 싶어. 감자도 심고 고구마도 심고, 그거 캐면서 살고 싶어. 아, 병아리랑 강아지도 키울래.”

병이 나기 1년 전쯤, 외가에 놀러 간 적이 있다. 겨울 논에 메뚜기가 그득했는데, 아이는 펄펄 날면서 빈 콜라병이 가득 차도록 메뚜기를 잡았다. 그리고 정말 행복하게 웃으며 “엄마, 여기가 천국이야”라고 말했다.

“그때 시골처럼 메뚜기도 많았으면 좋겠네.”

“어, 엄마. 그때 정말 메뚜기 많이 잡았는데. 우리 구워 먹었잖아. 진짜 맛있게.”

“병아리는 몇 마리나 키울까? 한 스무 마리?”

“스무 마리는 너무 많다. 일곱 마리나 여덟 마리가 딱 좋을 거 같아.”

“고양이는 어때?”

“난 고양이보다 강아지 두 마리가 더 좋겠어. 한 마리는 하얗고 또 한 마리는 약간 갈색 강아지. 아, 진짜 귀엽겠다.”

“나무도 몇 그루 심을까?”

"어, 엄마. 복숭아나무 심자. 나 진짜 복숭아 좋아하는데."

입가에 저절로 미소가 지어졌고, 아스라한 미래가 손에 닿을 듯 눈앞에 아른거렸다. 현실은 어두운 콘크리트 빛 병실이었지만, 마치 봄날 시골집 마당에 있는 듯 평화롭고 따뜻한 바람이 그 순간 살랑 부는 듯했다.

엄마는 무언가를 해 주는 사람이 아니라
아이와 함께 웃고, 함께 꿈꾸는 사람이다

누군가가 내게 "너는 언제 진짜 '엄마'라고 느꼈느냐"고 묻는다면, 나는 그 순간을 꼽을 것이다. 차가운 병원에서 물 한 모금 넘기지 못하고 링거를 주렁주렁 단 채 일주일이 넘게 침대에 누워 있는 현실이었지만, 아이와 나는 함께 병 너머의 삶을 꿈꾸었다. 그 순간, 나는 아이를 '더 잘' 키우려는 욕심도 없었고, 아이의 아픔과 고통을 어떻게든 덜어 주려는 마음도 없었다. 평소에 머릿속을 떠나지 않던 생각들, 언제 아이가 먹을 수 있게 될지, 언제 수치가 올라 퇴원을 할지 혹은 아이의 눈이 더 잘 보이게 될지 어떨지, 결국 병이 나을지 아닐지를 전혀 떠올리지 않았다. 그 순간, 그저 아이의 존재를 온전히 느끼며 함께 꿈꾸었다. 아이 옆을 떠나지 않았고, 아이와 함께 같은 호흡으로 숨 쉬었다. 아이가 웃을 때 같이 웃었고, 아이가 행복해 하는 장면에서 함께 행복해 했다.

아이들은 엄마가 '슈퍼 파워'를 가졌다고 믿는다. 어른들도 힘든 일이 생기면 엄마가 나타나 어려운 문제를 단번에 해결해 주고 토닥여 주길 바란다. 엄마 역시 아이를 위해서라면 무엇이든지 해야만 한다고, 할 수 있다고 믿는다. 그러나 엄마에게는 그럴 능력도, 권한도, 의무도 없다. 엄마가 해결사가 되기를 멈추었을 때 엄마는 엄마일 수 있다. 끝까지 아이의 존재에 대해 고개를 끄덕이고 품어 주면, 아이를 살리는 길이 무엇인지가 저절로 떠오른다.

나는 그때 마음먹었다. '그게 뭐 어려운 일이라고. 그까짓 소원 못 들어줄 것도 없지.' 1년간의 항암 치료가 끝나고 우리는 온 가족이 하던 일을 모두 그만두고 지리산으로 내려왔다. 많은 사람들이 우리를 보고 "어떻게 그렇게 용기 있는 결정을 내렸느냐, 참 대단하다, 나라면 못할 일이다"라고 말했다. 하지만 나는 어떤 특별한 용기가 필요하지 않았다. 그 당시 내겐 너무나 자연스러운 일이었다. 지금 돌이켜 보면 아이와 한 호흡으로 숨 쉰 그 순간, 나는 마법에 걸렸던 것 같다. 애씀도 바람도 없이, 아이를 살리는 방향으로 나의 삶이 움직이는 마법. 그리고 그 마법은 스스로 해결사가 되기를 멈추고, 그저 내가 빈 공간으로 있을 때 펼쳐지는 것이었다. '엄마'라는 공간에 아이가 자기 존재를 펼치는 마법 말이다.

05

—

엄마가 슬프면 아이는 더 슬프다

두어 번의 입·퇴원이 반복되면서 두세 달이 지났고, 병원 생활에도 조금씩 익숙해지자 나도 신환(입원실에 처음 들어온 환자)에서 어느덧 처음 진단받고 입원한 엄마에게 이런저런 도움을 줄 수 있는 처지가 되었다. 처음 입원했을 땐 같은 입원실을 쓰는 엄마들에게서 가장 실질적인 도움과 위로를 받는다. 병원의 일과는 어떻게 돌아가는지, 항암할 때 아이가 토하지 않게 하려면 어떻게 하는지, 아이 학교와 엄마 직장은 어떻게 처리하는지, 소아암 치료비 지원은 어떻게 받는지와 같은 긴요한 정보부터 "괜찮아요, 나을 수 있어요"처럼 귀가 번쩍 뜨이는 희망의 메시지까지, 의료진보다 더 기댈 수 있는 사람들이 먼저 이 길을 가고 있는 엄마들이었다. 옆 병상의 엄마가 잠시 자리를 비우면 아이를 대신 봐 주기도 했고, 먹을 게 생기면 기꺼이 나눠 먹고, 그 아이가 맛있게 먹으면 내 일처럼 기뻤다. 우리는 서로 아이에 대한 걱정과 위로를 나누었다.

이렇게 엄마들끼리, 아이들끼리 유대감이 형성되어 있을 때 예민하고 까칠한 신환과 한 병실을 쓰면 서로 힘들었다. 자식이 암 선고를 받은 다음에 오는 절망감은 모두 한 번은 경험한 것. 그러나 어떤 보호자는 자신의 아이만 병에 걸린 듯 유난히 괴로워하거나 대놓고 신세를 한탄했다. 그리고 함께 쓰는 병실에서 끊임없이 작은 갈등을 일으켰다.

엄마의 눈물은 아이에게 아무런 도움이 되지 않는다

민수네도 그런 경우였다. 초등학교 3학년인 민수는 혈액암의 하나인 림프종에 걸려 입원하게 되었다. 그때 우리는 3차 항암을 받으러 입원했고, 민수가 먼저 입원해 있는 병실에 배정받았다. 그런데 침대 배치가 이상했다. 안쪽 창가에 자리 잡은 민수네가 보호자 자리를 더 확보하려고 우리 침대를 밀쳐 놓은 것이다. 침대와 침대 사이로 커튼이 단정하게 떨어져야 하는데, 침대가 한쪽으로 밀려 있으니 커튼이 툭 튀어나온 침대 난간에 걸친 모양새가 되었다. 커튼을 열고 닫기가 수월치 않았다. 침대가 밀린 탓에 보호자의 자리도 좁아졌다. 가뜩이나 좁은 병상이 더 답답해졌다. 워낙 병실 공간이 넉넉하지 않아 자리를 두고 이런저런 신경전을 경험하긴 했으나, 이렇게 대놓고 자기 영역을 확보하는 이웃은 처음이었다. 네 명의 환자가 공동으로 쓰는 냉장고도 민수네 물건이 가득 차 있어서 집에서 가져온 음식을 넣을 공간이 없었다. 각 병상당 한 개씩 쓰게 되어 있는 보호자 의자도 민수네는 두 개를 가지고 있었다. 다른 병실의 비어 있는 병상에서 가지고 왔다고 했다.

민수는 할머니가 보호자였다. 가끔 삼촌이 다녀갔다. 할머니는 몸집과 목소리가 큰 편이셨다. 아들과 며느리가 한의학을 공부하러 외국에 나가 있는 동안 4대 독자인 손자를 맡아 키웠는데, 잘 먹고 잘 놀던 아이가 배가 아프다더니, 왜 갑자기 암 선고를 받았는지 모르겠다며 그동안 아이를 키우느라 얼마나 힘들었는지를 계속 말씀하셨다.

아이도 계속 짜증을 냈다. 진단 당시 이미 암 덩어리가 복부 쪽에 가득 차 있었던 모양이었다. 할머니는 아이가 아프다는 사실 자체를 받아들이기가 힘드셨는지, 아이와 끊임없이 실랑이했다. "왜 아프냐", "좀 참아라"라고도 하셨다. 간혹 의료진이 먹으면 안 된다고 한 음식을 슬쩍 먹이기도 하셨다. 나를 포함해 다른 병상의 엄마들은 어서 민수 엄마가 와서 간호하길 바랐다. 그래야 엄마가 어떤 일을 해야 하는지도 알려 주고, 쓸데없는 기세 싸움으로 불편한 병실 분위기도 바뀔 것 같았다.

드디어 3일 후 민수 엄마가 하얗게 질려서 병실에 들어왔다. 아마 아무것도 보이지 않았을 것이다. 오자마자 의료진을 만나고, 아이를 데리고 각종 검사를 받으러 돌아다녔다. 할머니는 집으로 돌아가셨다.

새벽 무렵이었다. 옆 병상에서 민수가 "물, 물… 아, 물 좀 줘"라고 말하는 게 들렸다. 눈이 번쩍 떠졌다. 숨죽이고 귀를 기울이는데 아무런 인기척이 나지 않았다. 민수는 "아… 물 좀 줘" 하고 거듭 짜증 섞인 소리를 냈다. 커튼을 젖혀 보니 보호자가 아무도 없었다.

"잠깐 기다려. 아줌마가 줄게."

물을 마시고 좀 나아지는 것 같던 민수는 조금 지나서는 "아, 배 아파, 배 아파…" 하며 배를 움켜쥐고 괴로워했다. 간호사나 주치의한테 알려야 할 것 같았다. 항암 부작용으로 인한 단순한 통증인지, 병의 증상인지를 확인해야 했고, 통증을 줄이는 처치를 해야 했다.

민수 엄마는 어디에 갔을까? 10여 분을 기다려도 민수 엄마는 오지 않았고, 아이는 계속 아프다고 소리를 질렀다. 민수 엄마를 찾아 화장실과 탕비실에 가 보았으나 보이지 않았다. 보호자 휴게실에 들어가니 민수 엄마가 소파에 엎드려 흐느끼고 있었다. 꽤 오랫동안 혼자 울고 있었음이 틀림없었다. 아마도 민수 엄마는 두세 달 전 내가 느꼈던 하늘이 무너져 내리는 막막함과 죄책감에 터져 나오는 울음을 막지 못했으리라. 그래서 아이 곁을 떠나 혼자 울 수 있는 휴게실을 찾았으리라.

"민수 엄마, 민수가 아파서 울어요."

민수 엄마는 고개를 들어 힐끗 나를 보았다. 헝클어진 머리에 퉁

퉁 부은 눈두덩이와 벌건 눈동자. 민수 엄마는 내 이야기가 안 들리는 듯했다.

나는 낮은 목소리로 말했다.

"민수 엄마, 잘 들어요. 엄마가 여기서 울고 있으면 안 돼요. 지금 민수가 배가 아프대요. 간호사도 있고, 의사도 있지만, 엄마가 옆에서 지켜보지 않으면 어떤 돌발 상황이 생길지 몰라요. 이렇게 우는 거, 아이한테 아무런 도움이 안 돼요. 민수 엄마 없을 때 옆에서 의사들이 말하는 거 들어보니까, 민수가 지금 별로 좋은 상태는 아닌가 봐요. 정신 차리셔야 해요."

민수 엄마는 멍한 표정으로 나를 쳐다보았다. 눈물은 멈춰 있었다.

나는 숨을 한 번 크게 들이쉬고 말했다.

"우리가 아이들을 죽이고 살릴 수 없어요. 내가 잘못했다고 아이가 병든 것도 아니고, 내가 잘한다고 아이가 낫지도 않아요. 그거, 그냥 하늘의 뜻이에요. 교회에 다니시는 것 같던데, 제 말 무슨 말인지 아시죠? 가서 아이 옆에 있으세요. 그냥 엄마가 있어야 할 자리에 있으세요. 모든 건 위에서 다 하실 거예요."

이 말은 온전히 내게 하는 말이기도 했다. 앞날을 생각하면 두려움이 파도처럼 덮치고 지난날을 생각하면 후회와 자책이 밀려들 때, 내가 주문처럼 되뇌는 말이었다.

'다만 지금 할 뿐. 다만 지금 엄마의 자리에 있을 뿐.'

민수 엄마는 병실로 돌아와서 민수를 돌보기 시작했다. 그러나 민수는 항암제가 커다란 종양을 녹이면서 생긴 노폐물이 신장이 처리할 수 있는 범위를 넘어서서 급성 신부전 상태에 빠졌고, 투석을 위해 곧 병실을 옮겼다. 민수 엄마와는 커피 한 잔 마시며 이야기할 틈도 주어지지 않았다.

힘든 때일수록 엄마가 먼저
슬픔에서 빠져나와야 한다

얼마 후, 민수가 중환자실로 옮겼다는 이야기를 들었다. 병원 로비 먼발치에서 우연히 민수 엄마를 보았는데, 발걸음이 빠르고 힘이 있었다. 민수는 두세 달 후 중환자실에서 하늘로 갔다. 민수도, 민수 엄마도 병원에서 더 이상 볼 수 없었다.

나중에 호스피스 상담을 해 주시던 간호 선생님에게 민수 엄마 이야기를 물어본 적이 있었다.

"혹시 민수 갈 때 어땠나요? 민수 엄마가 민수 잘 보냈나요?"

"네. 아주 편안하게 잘 보냈어요. 민수 엄마가 병동에 있었을 때 옆 병상에 있던 엄마 이야기를 했어요. 휴게실에서 울고 있는데, 와서 그러지 말라고 말해 주었대요. 그때 큰 도움을 받았다고, 슬픔에서 빠져나와서 민수를 잘 돌보고 잘 보낼 수 있었다고 말했어요."

그 이야기를 듣고 나는 가슴 한 켠이 아련하게 아파 왔다. 아마 민수 엄마는 엄마의 자리에 꿋꿋이 서서 후회 없이 간병했으리라.

자신의 불편한 감정이나 처지를 먼저 생각하기보다 아이에게 가장 도움이 되도록 움직이고, 마지막까지 엄마가 보여 줄 수 있는 사랑을 전해 주었으리라. 보지 않았어도 충분히 알 수 있었다.

엄마가 굳건하고 든든하게 서 있어야
아이는 자기 길을 걸어갈 수 있다

엄마들은 아이의 고통과 불행을 보지 않을 수 없다. 내 아이만은 어려움 없이 탄탄대로를 걷기를 바라지만, 인생은 예상치 못한 일의 연속이고, 행복이 무너지는 순간은 꼭 찾아온다. 하지만 아이가 겪는 고통에 엄마가 슬퍼하고 괴로워하면 아이는 더 슬프고 괴롭다. 아이는 엄마로부터 공감을 받고 위로를 받는 것이 아니라, 그저 막막하고 아플 뿐이다. 아이는 엄마를 괴롭고 슬프게 만든 사람이 바로 자신이라고 생각하기 때문이다.

암을 선고받은 후 완치와 재발을 거치면서 길고 긴 투병의 시간을 견뎌 낸 큰아들이 열여덟 살 때, 대안 학교를 졸업하면서 자서전을 썼다. 자서전을 쓰기 전에 큰아이와 나는 병을 앓고 장애를 안고 살게 된 세월에 대해 담백하게 이야기를 나눴는데, 그때 아이가 엄마에게 미안한 마음을 가지고 있다는 걸 알게 됐다. 한때 아이는 합격하기에 충분한 성적에도 불구하고 서울에 있는 대학은 가지 않으려고 했다. 그 이유가 "나 때문에 엄마 아빠가 돈도 많이 쓰고 고생했는데, 내가 너무 받으려고만 하는 것 같아서"라는 것이었다. 아닌

척 애썼지만, 엄마로서 겪었던 슬픔과 고단함을 아이에게 완벽히 숨길 방법은 결국 없었던 것이다.

나는 아이에게 말했다. “엄마의 시간과 돈을 들여서 너 이렇게 건강하게 잘 컸으면 엄마 인생에 그보다 더 가치 있는 일은 없어. 엄마 아빠가 네 병을 감당할 만큼 돈이 있어서 정말 다행이고, 가장 필요한 곳에 쓴 거야. 네가 그 기회를 준 거니까 미안해 하지 말고 가고 싶은 곳에 가렴.” 나는 아이가 엄마의 슬픔과 고통을 크게 신경 쓰지 않고, 자기 길을 뚜벅뚜벅 걸어가기를 바란다. 그것이야말로 모든 엄마가 바라는 것이니까.

06

—

엄마도 엄마이기 이전에 서툰 한 사람일 뿐이다

방사선 치료를 시작할 때 담당 의사가 말했다. 치료를 받고 나면 아마 눈이 좀 더 잘 보이게 될 거라고. 그러나 나는 기대하지 않았다. 여러 자료를 통해서 '시신경은 손상된 후 24시간 내에 회복되지 않으면 영영 기능을 잃는다'는 사실을 이미 알고 있었기 때문이었다. 아이가 눈이 잘 보이지 않는다는 사실은 내 가슴에 찍힌 주홍글씨였다. '나 때문에 그렇게 됐다'는.

아이가 아픈 건 전부 엄마 탓이라는 죄책감에 대하여

두통, 목 근육 이상, 구토, 식은땀, 코피 등을 증상으로 한 달 정도 병원을 돌아다니다가 아이가 한쪽 눈이 보이지 않는다고 처음 말했던 그날 저녁, 나는 바닥을 알 수 없는 늪에 빠지는 듯했다. 머릿속이 핑그르르 돌면서 몸이 휘청했다.

'어떻게 해야 하지? 어느 병원에 가야 하지? 이 모든 증상이 대체 무슨 병에서 비롯된 걸까?' MRI에서는 아무 이상이 없다고 했고, 병원은 다닐 만큼 다녀 봤다. 밤새 고민과 궁리와 검색을 하다가 아침에 아이를 데리고 동네 안과에 갔다. 동네 안과에서는 잘 모르겠다며 전문 병원을 소개해 주었다. 그 병원에서 대여섯 시간이 넘게 여러 검사를 받은 결과는 '시신경 위축'이었다. 시각 정보를 받아들여서 대뇌로 전달하는 신경이 기능을 못 하고 있다는 것이었다. 의사는 "한 달 전에 MRI를 찍었을 땐 괜찮았다고 했죠?"라며 고개를 갸웃거렸다. 그리고 몇 가지 검사를 더 해 볼 테니 다음 날 오라고 했다.

결과적으로 하나 마나 한 검사였다. 그 병원에서는 내가 알고 있는 사실, 즉 한쪽 눈이 보이지 않으며 다른 쪽 눈도 급격히 나빠지고 있다는 증상에 대해 '그렇다'고 확인해 주었을 뿐이었다. 원인이 무엇인지도 몰랐고, 보이지 않는 눈에 어떤 조치도 취하지 않았다.

뭔가 이건 아닌 것 같았다. 집에 돌아와 지금 무슨 일이 벌어지고 있는지를 곰곰이 따져 보았다. 미심쩍은 구석이 있었다. 한 달 전 세브란스 병원에서 MRI를 찍으라고 했을 때, 나는 급하게 결과를 알고 싶어서 아는 사람이 교수로 있는 한 지방대학 병원에 가 검사를 받았다. 신경과 전문의 두 명이 검사실 옆에서 바로 판독을 해 주었는데, 아무 이상 없다고 했었다. 하지만 그 판독이 잘못된 것이라면? 영상의학과의 소견이 아니었다면?

다음 날 나는 그 안과로 가는 대신, MRI 검사 결과가 담긴 CD를 들고 세브란스 병원으로 갔다. 한 달 전 MRI를 찍어 보자고 했던 그 의사에게 "아이가 한쪽 눈이 안 보인다고 한다, 다른 데서 찍은 이 MRI 좀 다시 봐 달라"라고 말했다. 그 의사는 "MRI는 괜찮은 것 같은데…" 하면서 새로 생긴 몇 가지 증상을 듣더니 "혹시 다발성 경화증 아냐?"라고 중얼거리다가 "입원해서 검사합시다. 간호사, 안과에 협진 내 줘요"라고 말했다.

다발성 경화증이 무슨 병인지도 모르면서 그 소리에 어찌나 안심이 되던지…. 몇 군데의 병원에서 "모르겠다", "별거 아닐 거다", "기다려 보자"는 말만 듣다 이제 뭔가 일이 제대로 굴러가나 싶었다. 입원한 날 밤에 다시 MRI를 찍었고, 판독을 기다리는 동안 안과에서는 고농도의 스테로이드를 72시간 동안 투여했다. '펄스 요법'이라고, 강력한 항염제인 스테로이드의 힘을 빌어 시력이 회복되길 기대한다고 했다. 그러나 사흘 동안 스테로이드를 쏟아부었음에도 시력은 돌아오지 않았고, 이틀 후 우리는 뇌에 종양이 있다는 선고를 받았다. 한 달 전에는 어떤 검사에서도 찾아볼 수 없던 종양이었다.

첫 번째 항암이 끝나고 열이 나서 응급실에 긴급으로 입원했을 때였다. 좀처럼 병실이 나지 않아 응급실에서 발을 동동 구르고 있는데, 앞 병상에 서너 살쯤 되어 보이는 한 남자아이가 들어왔다.

갑자기 눈이 안 보여서 왔다고 했다. 눈에 익은 기계들이 달라붙는 게 보였다. 펄스 요법을 위한 기계였다.

칸막이도 없고, 개인 병실도 아닌 응급실에서 나는 TV 드라마 보듯 생생하게 앞 침대에서 벌이지는 일을 낱낱이 지켜보았다. 정말 치료가 되는지, 결국 우리 아이처럼 시력을 잃게 될 것인지, 그 결과가 너무나 궁금했다. 내 머릿속은 '정말 효과가 있을까?', '저렇게 해 봤자 우리처럼 소용없을 거야', '어떻게 저 엄마는 바로 응급실에 올 생각을 했을까?', '무슨 병이기에 눈이 안 보일까?' 같은 생각으로 어지러웠다.

펄스 요법 3일째에 접어들자, 놀랍게도 그 아이의 시력이 돌아왔다. 기뻐하는 아이 엄마와 한숨 돌리는 의료진을 보면서, 나는 마음과 눈을 어디에 두어야 할지 몰라 당황스러웠다. 그 아이가 회복한 것은 천만다행이었으나, 그것은 동시에 "자, 잘 봐. 아이가 시력을 잃은 것은 모두 너 때문이야"라고 꾸짖는 소리기도 했다. 깊은 곳에 숨겨 둔 두려움이 눈앞에서 펼쳐진 것이다.

그것은 정말
내 잘못이었을까?

아이가 눈이 안 보인다고 했던 바로 그때 응급실에 왔더라면, 안과에 다닌다고 시간을 허비하지 않았더라면 눈을 구할 수 있었을 텐데. 아니, 안과에서 바로 우리를 응급실로 보냈더라면, 검사만 하지 말고 어떤 조치라도 취해 주었더라면 이 지경까지 되지는 않았을 텐데. 잘난 척만 하는 나쁜 의사들. 스스로를 비난하고 남을 탓하는 화살로 마음이 흉흉했다. 그러다가 화살은 하나의 과녁을 향해 모였다. 바로 나의 무지와 편견이었다.

나는 두 가지의 무지와 편견을 가지고 있었다. 첫째, MRI는 언제 어디서 찍어도 똑같을 거라는 무지. MRI는 찍는 기술보다 판독 실력이 더 중요하다는 걸 나중에 알았다. 만약 세브란스 병원에서 예약이 잡히는 대로 검사를 하고, 유능한 영상의학과 교수에게 판독을 받았더라면 종양의 조짐을 미리 발견했을지도 모르는 일이었다. 암에 걸리는 걸 막을 수는 없더라도 그로 인해 눈이 나빠지는 건 막을 수 있었다.

둘째, '개인 병원이 대학 병원보다 낫다, 응급실에 가 봐야 아이만 고생시킨다'는 편견. 육아지 기자 시절, 개인 병원은 전문의가 책임지고 돌봐 주는 반면, 대학 병원은 수련 의사로 가득하다는 이야기를 들은 적이 있다. 그때부터 내게 응급실은 아주 긴급한 상황이 되었을 때 최후에 선택해야 하는 곳이었다. 그러나 그것이야말로 편견 중의 편견이었다. 대학 병원 응급실에는 수련 의사만 있는 게 아니었다. 첨단 시설, 새로운 의학 지식으로 무장한 노련한 교수들, 온갖 환자를 치료한 경험이 쌓여 있었다. 게다가 응급실에서는 검사 및 진단, 치료를 한 번에 해결하고, 복잡한 절차를 뛰어넘어 바로 조치했다. 그런데도 나는 응급실에 대한 내 생각에 빠져 아이의 눈을 멀게 한 것이다.

그 후로 아이가 눈이 잘 보이지 않는다는 것을 일상에서 확인할 때마다 가슴에 칼이 꽂혔다. “저쪽을 봐”라는 말 대신 “TV는 방 오른쪽 구석에 있어”라고 말할 때는 돌덩이를 얹은 듯 가슴이 무거웠다가 이글이글 불이 났다. 매 순간 나의 잘못을 눈앞에서 봐야 하니 지옥이 따로 없었다.

사실 의료진은 눈이 보이지 않는다는 사실을 중요하게 여기지 않았다. 종양을 빨리 없애서 살아남는 게 먼저지, 다른 것은 그다음에 해결해도 되는 문제라 생각하는 듯했다. 실제로 몇몇 아이들은 여러 가지 후유증으로 잘 걷지 못하거나, 잘 보고 듣지 못하거나, 지능이 떨어지기도 했다. 의식이 없이 식물인간처럼 누워만 있는 아이도 있었고, 아예 보지 못하는 아이도 있었다. 그에 비하면 희미하나마 한쪽 눈이라도 보이는 우리는 사정이 나은 편이었다.

하지만 내 눈의 들보가 가장 크다고 했던가. ‘그래, 이만하길 얼마나 다행이냐…’ 싶다가, 아이가 활기를 되찾고 생활을 하다가 눈이 잘 안 보인다는 사실이 불편으로 다가오면, 어떤 장애도 없이 잘 회복해 가는 아이들이 부러웠다. 그리고 그럴 때마다 나는 나를 탓했다.

때로는 ‘눈이 안 보인 덕에 빨리 암을 발견한 걸지도 몰라’ 하며 눈이 나빠진 데 의미를 부여하기도 했다. 그러나 그것은 순간의 위로일 뿐, 절대로 괜찮아지지는 않았다. 위로하고 의미를 부여했다는 것 자체가, 내가 얼마나 눈 나쁜 데 대해 많은 신경을 쓰고 있는지를 말해 주는 반증이었다.

내가 지옥에 빠져
괴로울 수밖에 없었던 까닭

부처님의 가르침 중 '두 번째 화살은 맞지 마라'라는 것이 있다. 첫 번째 화살은 살아 있는 존재라면 누구나 맞을 수밖에 없는 몸과 마음의 괴로움이지만, 거기에 두 번째 화살을 쏘아 대는 건 스스로라는 것이다. 딱 내가 이 꼴이었다.

길을 걷다가 머리 위에 비둘기 똥이 떨어졌다. 혹은 아이가 길을 가다가 넘어졌다. 이건 나의 의도와 관계없이 그냥 일어나는 일이다. 어디선가 첫 번째 화살이 휙 날아와 내 몸에 박히는 일이다. 그런데 우리는 거기에 두 번째 화살을 쏘아 댄다. "내가 얼마나 운이 없는 사람이면, 하고많은 장소 중에서 비둘기 똥이 내 머리 위에 떨어지냐고", "저놈의 비둘기들한테 먹이를 주면 안 돼" 하고 본인과 타인에게 화살을 날린다. 넘어져서 우는 아이에게 "그러게 조심했어야지. 딴생각하고 가다가 넘어지잖아" 하거나 "길을 왜 저따위로 울퉁불퉁하게 만들어서 사람들이 넘어지게 만드냐" 한다면, 그 역시 두 번째 화살을 쏘는 일이다.

이 두 번째 화살은 나를 더 괴롭게 하는 데 그치지 않고, 다른 사람들을 향하기도 한다. 그렇게 화살을 맞은 상대는 다시 화살을 쏘아 대므로 괴로움의 연쇄반응을 만들어 낸다.

그러나 실제로 첫 번째 화살은 존재하지 않는다. 첫 번째 화살은 그냥 일어나는 일이지, 누구를 조준하고 날아간 무기가 아니다. 그냥 머리 위에 떨어진 똥은 깨끗이 씻어 내면 그뿐이다. 넘어져 다쳐서 우는 아이는 달래고, 상처는 치료하면 되는 일이다. '만약 그러지 않았더라면', '왜 이런 일이 우리에게 닥쳐서'와 같은 두 번째, 세 번째 반응이 바로 지옥을 만들어 낸다. 내가 오랫동안 빠져 있었던 지옥이 바로 그곳이었다.

나는 아이가 아픈 것, 눈이 나빠진 것이 피할 수 있었던 일이라고 생각했다. 그 누구도 나의 잘못이라고 말하지 않았음에도 내가 나를 혹사했고, 때로는 아이와 집안일에 무심했던 아이 아빠를, 일이 일어났을 때 적절하게 조치하지 않았던 의사들을 원망했다. 나는 첫 번째 화살을 피할 수 있었을지도 모른다는 생각에 집착했다.

엄마 능력의 한계를 인정할 때
비로소 최선을 다할 수 있다

아마 아이가 재발하지 않았다면, 아직도 이리저리 쏘아 대는 화살 공장 노릇을 하고 있었을지 모르겠다. 모든 것을 버리고 새로운 삶을 살겠다고 지리산에 왔는데, 아이는 4년 만에 재발했다. 아이를 위해 내가 할 수 있는 최선의 노력을 다했는데도 그 일이 일어났다. 그러니 누구도 원망할 수 없었다. 더 이상 내게 화살을 쏘아 댈 수 없었다. 그 일은 마치 태평양의 바닷물이 해안가 바위에 부딪쳐 큰 파도를 만들어 내고 사라지듯 '그냥' 일어나는 일이었다. 아이가 아픈 것은 엄마 탓도, 아이 탓도, 세상 탓도 아니었다.

엄마는 아이를 키우면서 되도록 위험은 피하고자 한다. 그러나 우리는 모든 것을 미리 알 수 없으며, 우리의 인식에는 한계가 있다. 지구에 사는 인간인 이상 무슨 짓을 해도 달의 뒷면은 절대로 볼 수 없는 것처럼, 엄마는 아이에게 일어날 모든 일을 알 수 없으며, 그저 모르는 채 최선을 다할 뿐이다. 엄마는 그것으로 충분하다.

07

아이보다 내 감정을 돌보는 데 더 신경을 써야 했다

한 친구가 전화를 해 왔다. 아는 사람의 열두 살 된 아들이 '모야모야병'에 걸려 긴급하게 수술을 받았다고 했다. 모야모야병은 뇌혈관이 기형으로 자라는 병이다. 의사는 그대로 방치하다가는 뇌경색이 발생할 수 있어 반드시 수술해야 하며, 수술이 잘되면 일상생활을 해 나가는 데 큰 문제가 없을 거라고 했단다.

그런데 의사가 쉽게 말했던 수술은 생각보다 어려웠으며, 수술이 끝나자 아이는 극심한 통증을 호소하며 울부짖었다. 가장 강력한 진통제도 듣지 않았다. 그러다 뇌경색이 발생했고, 오른손이 마비되어 재활 치료도 하게 되었다. 부모는 멀쩡하게 잘 지내고 있는 아이를 수술시켰다고 자책했다. 의사가 수술을 잘못했을지도 모른다고 의심하고 분노했다. 혹여 아이에게 흠이 될까 봐 가까운 친척에게도 수술한다는 사실을 알리지 않았는데, 장애인이 될지도 모르는 현실이 너무 기가 막혀 아이와 함께 엉엉 울었다. 내게 전화한 친구는 자기 일처럼 마음이 아픈데, 무슨 이야기를 해 줘야 할지도 모르겠고, 내 생각도 나서 전화했다고 했다.

그 이야기를 듣고 해 줄 수 있는 말은 딱 한 가지였다. 절대로 아이 앞에서 울지 말 것. 무슨 일이 생겨도 아이 앞에서는 괜찮은 척할 것.

내가 아이 앞에서 끝까지
괜찮은 척했던 이유

병원 생활을 하다 보면 예상치 못한 일들이 하루에도 몇 번씩 일어난다. 그에 따라 엄마의 감정도 롤러코스터를 탄다. 막막함, 두려움, 불안함, 분노, 억울함부터 희망과 안도감까지. 어디 병원 생활을 하는 엄마뿐이랴. 아이를 잘 키우고자 하는 세상의 모든 엄마는 아이에게 일어난 일에 무심할 수 없다. 아이에게 무슨 일이 생길 때마다 놀라고, 기쁘고, 걱정되고, 슬프고, 두렵다. 그러나 엄마들이 알아야 할 것이 있다. 엄마가 느끼는 감정은 실제로 일어난 일과도, 아이를 위한 행동과도 아무런 관계가 없다는 사실이다.

항암을 위해 입원했을 때였다. 그때는 아이 상태가 꽤 좋아서 편안하게 병원 생활을 하고 있었다. 한 의사가 병실에 들어오더니 우리 바로 앞 병상에 입원한 아홉 살 여자아이를 살펴보고는 다급한 목소리로 소리쳤다.

"여기 삽관 준비해요. 얼른!"

연차가 낮은 레지던트들과 간호사들이 갑자기 뛰다시피 움직였다. 전투를 앞둔 신병들처럼 잔뜩 기합이 든 의료진이 허둥지둥 카트를 가지고 왔다. 그 카트에는 번쩍거리는 금속제 기구들이 날을 세우고 있었다.

앞 병상 아이가 숨을 헐떡인 건 벌써 2~3일 되었다. 그러나 항암제 후유증이려니 하고 다들 대수롭게 여기지 않았다. 백혈구 수치가 올라가면 괜찮아질 거라 믿었다. 실제로 기침, 가래, 탈, 설사, 피부 염증 같은 증상이 어떤 약에도 낫지 않다가 백혈구 수치가 올라가면서 저절로 낫는 일이 이전에도 빈번했기에, 모두 지나갈 일로 생각했다. 그런데 그 증상은 조금 달랐다. 아이는 얕고 밭은 숨을 연속으로 쉬다가 갑자기 '쉬익~' 하는 뱀 소리와 함께 숨을 들이마셨고, 그때마다 흉곽이 올라갔다. 병원에서 여러 일을 겪은 바 있는 다른 아이 엄마들이 이상하게 보고, "주치의나 교수에게 물어 보라"라고 말했다. 그래서 전문의급 의사가 왔고, 아이를 보자마자 '삽관' 지시를 내린 것이다.

삽관은 기도가 막힌 환자에게 산소를 공급하기 위해 목에 관을 삽입하는 것이다. 아이에게도, 의료진에게도 결코 쉬운 일이 아니다. 마취할 겨를도 없이, 아이가 의식이 또렷한 상태에서, 일반 병실에서 갑자기 삽관을 하는 일은 흔하지 않다. 1년차 레지던트가 삽관을 시도했다가 실패했다. 또 한 명의 레지던트가 달려들었다. 그러는 사이 아이는 말 그대로 숨이 넘어갈 지경이 되었다.

"코드 블루 띄워!"

지켜보던 치프 레지던트가 직접 삽관을 하면서 소리쳤고, 곧이어 온 병원에 방송이 나왔다.

"코드 블루, 코드 블루, 33병동 코드 블루."

'코드 블루'는 일반적으로 즉시 심폐소생술이 필요한 긴급 상황을 의미했다. 몇 분 사이에 예닐곱 명의 의사들이 들이닥쳤고, 조용했던 병실이 순식간에 시끄러워졌다. 갑자기 가슴이 벌렁거리며 머릿속에서 여러 생각들이 한꺼번에 불꽃놀이 하듯 터졌다. '저러다 저 아이가 잘못되면 어쩌지? 그 모습을 우리 아이가 직접 보게 되면 어떻게 하지?'

아이는 침대에 앉아 노트북으로 개그 프로그램을 보고 있었다. 나는 나도 모르게 아이 귀에 이어폰을 꽂았다. 그리고 침대 주위로 완전히 커튼을 쳐서 밖을 보지 못하도록 한 다음, 커튼 자락을 꼭 쥐고 밖에 섰다. 커튼 안쪽에서 내 아이가 TV를 보며 낄낄대는 소리가 꽤 크게 커튼 밖으로 새어 나왔다. 고작 1m 앞에서는 10여 명의 의료진이 모여 한 아이의 숨길을 뚫고자 고군분투하고 있는데, 눈과 귀를 막은 내 아이는 이보다 재미있을 수는 없다는 듯 웃고 있었다. 마치 영화 속의 한 장면에 있는 듯 낯설었다.

죽음의 공포 속에서도 끝까지
아들에게 웃어 주었던 아버지

'인생은 아름다워'라는 영화를 아는가. 20여 년 전 눈물과 웃음이 범벅되어 보았던, 주인공의 마지막 모습이 꽤 오랫동안 가슴에 남던 영화다. 제2차 세계대전 중 어린 아들과 함께 유대인 수용소에 들어가게 된 주인공은 수용소의 참혹한 상황을 아들에게 '게임'이라고 설명한다. 규칙을 잘 지켜서 미션을 수행하여 1등이 되면 초대형 실물 탱크를 받을 수 있는 게임. 간수의 엄포는 아들에게 게임 규칙을 알려 주는 장면으로 설명되고, 엄마와 헤어진 현실은 숨바꼭질 놀이가 된다. 영화가 진행되는 내내 주인공은 현실과 게임 사이를 오간다. 주인공에게 현실은 언제 어떻게 개죽음을 당할지 모르지만, 아이에게 현실은 게임인 듯 흥미진진하게 펼쳐진다. 간수에게 붙잡혀 건물 뒤로 끌려가면서도, 숨어서 아빠를 지켜보던 아이를 위해 '게임인 듯' 우스꽝스런 표정으로 장난감 병정처럼 걸어가던 주인공. 결국 주인공은 아이 시야에서 벗어난 곳에서 몇 방의 총성과 함께 사라지고, 이튿날 아이 앞에는 독일군을 무찌르고 수용소에 입성한 연합군의 초대형 탱크가 나타난다.

영화를 보고 나오면서 나는 마지막 순간에 주인공이 느꼈을 심정을 헤아리느라 마음이 복잡했다. 양팔이 뒤로 묶인 채 끌려가면서 아이를 향해 웃음 짓는 그의 진짜 마음은 어땠을까? 분명 자신이 죽을 줄 알고 있었을 텐데, 어떻게 아이를 향해 아무렇지 않은 척할 수 있었을까? 그는 죽음이 두렵지 않았을까? 등 뒤에 총부리가 겨눠져 두려움을 넘어선 공포를 느끼면서도, 동시에 아이를 향해 웃을 수 있었던 힘은 어디에서 비롯된 걸까? 내가 그 상황에 처한다면 과연 그렇게 할 수 있을까?

당시에는 나도 비슷한 상황에 처할 것이라고는 상상도 하지 못했다. 그러나 삶은 언제나 생각지도 못한 일을 펼쳐 보여 주는 법. 아이가 낄낄거리는 소리를 뒤로 하고 커튼 자락을 꼭 쥔 채 생사의 사투 현장을 지켜보면서, 나는 어렴풋이 영화 속 주인공의 마음을 알 것 같았다. 비록 지금 처한 현실이 지옥처럼 끔찍하더라도 아이는 그 영향을 어떻게든 가장 적게 받았으면 하는 간절한 바람. 결국 괴로움과 파국이 오고 말지라도 지금 누리는 행복한 시간은 어떻게든 지켜주고 싶은 마음. 영화 속 주인공은 아이에게 다른 세상을 보여 주겠다는 강력한 의지만으로 두려움의 본능을 이겨 낸 게 아닐까?

아이는 엄마라는 안경을 통해
세상을 보고 느낀다

독일의 철학자 쇼펜하우어는 '현실은 의지대로 창조된다'고 말했다. 이 말은 마법사처럼 세상을 마음대로 바꿀 수 있다는 이야기가 아니라, '이렇게 보겠다'는 강한 의지를 가진다면 그 의지대로 세상을 볼 수 있다는 말일 게다. 우리는 누구나 자기만의 안경으로 세상을 보며, 그 안경에는 특정한 색의 렌즈가 끼워져 있다. 렌즈에 투

과된 색으로 세상을 보고 있다는 것을 알아차리면, 우리는 안경을 벗겠다는 강력한 의지를 만들어 낼 수 있고, 보이는 대로가 아니라 보고 싶은 대로 보는 것이 가능하다.

아이는 엄마라는 안경을 통해 세상을 보고 느낀다. 내가 웃으면 아이가 웃는다. 내가 울면 아이도 운다. 엄마는 슬프지만 웃을 수 있고, 화가 나도 표현하지 않을 수 있다. 아이가 울면 조금 덜 울어서 달래 주고, 아이가 화나면 침묵으로 묵직하게 중심을 잡는 사람이 엄마다.

치료가 끝나고 몇 년 후에 아이에게 앞날이 두렵지 않았는지를 물어본 적이 있다. 그때 아이는 이렇게 대답했다. "엄마, 난 한 번도 낫지 않을 거라고 생각해 본 적이 없어. 낫지 않은 사람을 본 적이 없고, 이 병 때문에 죽은 사람을 한 명도 못 봤어." 내가 기억하는 죽음만 해도 50명이 넘는데, 나는 한순간도 죽음의 두려움에서 벗어나지 못했는데, 아이는 나와는 완전히 다른 감정적 기억을 가지고 있다니. 그 말을 듣는 순간 어떻게 받아들여야 할지 난감하기도 했지만, 엄마의 부정적인 감정을 끝까지 숨긴 결과로 담담히 받아들이기로 했다. 어쩌면 '낫지 않는 사람은 본 적이 없다'는 기억이 '나는 반드시 나을 것'이라는 믿음을 가져왔는지도 모르니까.

그러니 아이 키우는 엄마들은 무엇보다 감정을 관리하는 데 신경을 써야 한다. 아이 앞에서 불안해 하지 말 것. 아이 앞에서 두려워하지 말 것. 아이 앞에서 슬퍼하지 말 것. 엄마의 부정적인 감정은 아이 모르게 할 것. 엄마의 괴로움은 절대 아이 모르게 따로 해결할 것. 긍정적인 감정은 얼마든지 표현하고 나누어도 괜찮지만, 부정적인 감정은 아이에게 숨길수록 좋다는 것을 늘 명심할 것.

08

—

육아에 '결정적 시기'란 없으며, 아이들은 훨씬 강하고 슬기로웠다

큰아이가 입원했을 때, 작은아이는 만 28개월이었다. 작은아이로서는 아침에 즐겁게 엄마 손 잡고 어린이집에 갔는데, 돌아와 보니 엄마랑 형이 말도 없이 집에서 사라져 버린 형국이었다. 갑작스레 병원에 입원하면서 나는 큰아이 걱정만큼이나 생때같은 작은아이 생각에 발을 동동 굴렀다. 당장 양가에 맡길 처지도 못 되었다. 그렇다고 아이 아빠가 직장을 그만두거나 출퇴근 시간을 조율할 수도 없었다. 급한 대로 친정엄마가 드나드시면서 아이를 돌봐 주셨지만, 입원 생활이 언제까지 이어질지, 이후에는 어떤 삶이 기다리고 있을지 도대체 감이 잡히지 않았으므로 그 어떤 계획을 세울 수도 없었다.

나에게도, 아이 아빠에게도, 큰아이에게도 날벼락 같은 이 일이 작은아이에게는 얼마나 큰 충격으로 다가올까. 작은아이는 그 한 달 전에 막 기저귀를 뗐고, 어린이집에 비로소 적응하는 중이었다. 그런데 난데없는 엄마와의 '강제 분리'라니. 세 돌까지의 안정적 애착이 얼마나 중요한지에 대해서 얼마나 많은 전문가들이 귀에 딱지가 앉도록 말했던가. 엄마와 한창 알콩달콩 애착을 쌓아 나가야 할 시기에 닥친 갑작스런 이별이 아이 인생에 얼마나 큰 영향을 미칠지 가늠조차 되지 않았다.

병원의 하루를 정신없이 보내고 큰아이를 재운 후 보호자 침대에서 쪽잠을 청하면서도 작은아이 생각에 가슴이 미어졌다. 괴롭고 안타깝기만 할 뿐, 어떤 해결책도 찾지 못하고 있다가 문득 예전에 취재차 만났던 소아정신과 의사 선생님이 생각났다. 전화로 그동안의 사정을 설명하고 눈물 콧물 쏟으며 애타게 물었다.

"선생님, 큰아이도 큰아이지만 지금 28개월밖에 안 된 작은아이는 어떻게 해요? 이 아이 괜찮을까요? 나중에 애착 문제 생기지 않을까요? 불안하고 우울하게 되면 어쩌죠? 정서장애 같은 건 안 생길까요?"

내가 쏟아 내는 온갖 불안한 말들을 다 듣고, 그 선생님은 이렇게 말했다.

"괜찮아요. 걱정 말아요. 다 회복돼요. 건강하기만 하면 다 치료돼요. 아픈 아이에 집중하세요. 둘째는 분명히 괜찮아질 거예요. 잠깐 문제가 생겨도 나중에 다 회복할 수 있어요."

예상치 못한 답이었다. 건강한 아이는 다 회복된다는 것. 평소에 엄마와의 유대와 애착을 유난히 강조해 온 선생님이기에 더 의외였고, 고작해야 7년 남짓 엄마 노릇을 해 본 나로서는 생각지도 못한 답이었다. 언제 어떻게 좋아진다는 희망도, 어떤 부작용이 생길 테니 주의하라는 조언도 없었지만, 나는 선생님의 그 말에 큰 위로를 받았다.

'다 회복될 것이다. 건강하기만 하면 상처는 치유될 수 있다.'

그날 이후로 나는 작은아이 걱정은 일단 미뤄 두고 큰아이 생각에만 집중했다. 작은아이는 어린이집을 아파트 같은 동 1층으로 바꾸는 최소한의 변화만 주었다. 아이는 아침 일찍부터 저녁 늦게까지 어린이집에 있게 되었고, 큰아이가 입원할 때는 아이 아빠가 조금 일찍 퇴근하여 돌보기로 했다. 아이에게 제공되는 돌봄의 질이나 교육은 아예 고려하지 않았다. 일단 집을 떠나지 않고, 아이가 제때 먹을 수 있고, 아이를 물리적으로 보호하는 공간과 보호자가 있는 것만으로 만족했다. 나머지 채워지지 않는 부분들, 예컨대 질 높은 일대일 상호작용이나 아이 수준에 맞는 교육, 즐거운 경험을 늘려 주는 일 등은 깨끗이 단념했다. 아무리 생각해도 그 당시의 상황에서는 뾰족한 수를 낼 수 없었다.

'결정적 시기'를 놓쳐도
아이는 언젠가 반드시 회복된다

그래서 작은아이는 어떤 어려움도 없이 잘 자라났을까. 그런 일은 일어나지 않았다. 콩 심은 데 분명히 콩이 나고, 아무것도 심지 않은 곳에는 잡초만 우거지는 우주 자연의 법칙이 우리 집에도 어김없이 찾아왔다.

큰아이가 입원과 퇴원을 수시로 반복하던 1년이 마무리될 즈음, 작은아이가 다니던 어린이집에서 작은 재롱 잔치가 열렸다. 38개월, 네 살의 작은아이는 재롱 잔치 내내 무대와 객석을 휘젓고 다녔다. 어떤 무대에도 집중하지 못했고, 네 살 또래들이 하는 간단한 공연도 참여하지 못했다. 누가 "재 혹시 ADHD(주의력결핍 과잉행동장애) 아냐?"라고 말해도 전혀 이상하지 않은 모습이었다. 큰아이 입원 한 달 전에 완료한 배변 훈련이 도로 아미타불이 된 건 그럴 만하다고 생각했는데, 1년 동안 어린이집에 다녔음에도 잠시도 자리에 앉아 있지 못하는 모습을 보니 '아, 문제가 생겼구나' 하는 생각이 가슴 아프게 떠올랐다.

누군가는 문제를 인식하는 것만으로도 반 이상 해결이 된 것과 다름없다고 했지만, 문제를 보고 나니 더 막막했다. 원인은 분명하고, 해결책도 명확한데, 행동으로 옮길 방도가 없었다. 두 돌 반부터 세 돌 반까지 한 달에 한 번 이상 며칠씩 사라졌던 엄마. 주 양육자의 부재가 그 원인일 것이고, 해결책이라면 엄마 또는 주 양육자와의 질 높은 상호작용의 제공일 텐데, 두 아이 모두를 살뜰히 보살피기에는 엄마인 나의 에너지가 너무 부족했다. 엄마의 손길은 아픈 아이에게 먼저 닿아야 했다. 게다가 큰아이는 병이 나기 전부터 동생과 떨어져 있고 싶다고 해서, 어떻게든 큰아이와 작은아이를 같이 있지 않게 하려면 늘 희생되는 건 작은아이였다. 그럴 때마다 미안했지만, 두 마리 토끼를 잡을 수는 없었다.

정기적으로 병원에 입원해야 하는 항암 치료가 마무리되면서 비로소 작은아이에게 시간을 낼 수 있었다. 엄마와 단둘이 무엇을 하는 경험이 필요할 것 같아 일주일에 두세 번씩 '모자母子 수영'을 다니고, 밤에 잘 때는 꼭 작은아이를 데리고 잤다. 그럼에도 작은아이의 분리 불안은 사라지지 않았다. 아이는 어린이집에서 선생님 무릎에 앉아서 떨어지지 않으려 한다고 했고, 걸핏하면 친구들을 때리거나 떼를 쓴다고 했다. 여섯 살 때 엄마와 단둘이 나들이 가는 셈 치고 백화점 문화센터에서 블록 놀이 수업을 들었을 때도 교실 앞에서 엄마랑 안 떨어지겠다고 울음을 터뜨려서 함께 들어가 무릎 위에 앉히고 수업을 받았다. 아이가 유치원과 초등학교에 다닐 때는 학부모 모임에 갈 때마다 다른 엄마들에게 "그 댁 아이가 우리 아이를 때렸어요", "잘 좀 가르쳐 봐요"라는 뼈있는 농담을 들었다. 초등학교 1학년 때는 친구를 때려 친구의 머리가 찢어지고 피가 난 적도 있다. 그때 선생님이나 다른 엄마로부터 "민서 엄마지요?"로 시작되는 전화를 받으면 '또 무슨 사고를 쳤나?' 싶어 가슴이 쿵 내려앉았다.

뿐만이 아니었다. 아이는 밤에 오줌을 가리지 못했다. 처음에는 스트레스를 받아 잠시 퇴행한 줄 알았다. 그런데 아무리 다시 훈련을 해도 밤에 자꾸 오줌을 쌌다. 오줌 싼 줄도 모르고 아침까지 내처 자는 날도 많았다. 저녁에 수분이 많은 음식 먹이지 않기, 한의원에 가 보기, 알림벨 사용하기 등의 방법을 써도 소용없었다. 한 1년 정도 꾸준히 훈련하면 괜찮아지겠거니 했는데, 계속 실패하니 좌절감이 컸다. 2학년, 3학년이 되어도 나아지지 않았다. 4학년 때였을 것이다. 아이는 밤에 오줌 싼 것을 감추려고 감쪽같이 샤워하고, 옷 갈아입고, 이불을 감추었다. 증거를 없애려고 오밤중에 살금살금 '비밀 작업'을 했을 아이를 생각하니 화는커녕 헛웃음만 났다.

이도 저도 효과가 없어서 '될 대로 되라'는 심정이 되었을 때 누군가가 그랬다. 밤에 오줌 싸는 어른 본 적 있냐고, 지금은 큰 고민이겠지만 어른이 돼서 오줌을 싸지는 않을 거라고, 안달복달하지 말고 기다려 보라고 했다. 생각해 보니, 갱년기에 요실금을 겪는 어른은 있어도 병이 아니고서는 밤에 오줌을 싸는 어른은 없었다. 그때부터 아이의 야뇨증에 크게 반응하지 않았다. 저녁에 과일을 많이 먹거나 음료수를 많이 마시면 "오늘 밤엔 조심해야겠네"라고 간단히 말하고, 오줌 싸면 "이불이랑 옷 세탁기에 넣어 돌리고, 샤워해"라고만 말했다. 그랬는데 6학년이 되자 정말 오줌을 싸지 않았다. 4학년 때까지만 해도 이모네 집에 자러 가면 머리맡에 '걱정 인형'을 두고 잤었는데, 이젠 한 달 넘도록 집 아닌 곳에 머물러도 괜찮았다. 애쓰지 않고 저절로 일어난 일이 신기하기만 했다.

또 아이에게 수시로 나타나는 공격성을 다스리기 위해 몇 년을 전전긍긍했는데, 그것도 점차 좋아졌다. "착하고 성격 좋다"라는 이야기는 결코 듣지 못했지만, 5학년이 되자 담임 선생님은 "수업 시간에 집중한다"고 말했고, 아이 친구들이 우리 아이가 때렸다거나 욕했다고 말하는 경우도 점점 줄었다. 아이의 두뇌(특히 전두엽)가 자라서 자연스럽게 성숙해진 것인지, 시골의 작은 동네 공동체가 아이를 있는 그대로 받아들여 준 덕인지, 내가 행했던 그 많은 방법들이 한 번에 효과를 발휘했는지, 정확한 이유는 모르겠다. 그러나 몇 년 동안 머리를 싸매고 고민했던 문제는 어쨌든 '문제'로서의 지위를 잃어버렸고, 아이 역시 '문제아'의 낙인을 벗어던졌다. 물론 그러기까지 한시도 방심할 수 없는 줄타기를 해야 했지만 말이다.

육아에 있어 '결정적 시기'보다 훨씬 중요한 것

아이를 키우면서 엄마들이 가장 많이 빠지는 함정이 바로 '결정적 시기'라는 이름의 덫이다. 세 살까지 일관된 양육자가 없으면 아이에게 애착 트라우마가 생겨서 인생이 송두리째 망가질 것 같고, 학교 들어가기 전에 한글을 읽지 못하면 영영 뒤처질 것만 같다. 영어는 아이의 뇌가 말랑말랑할 때 교육해야 효과가 있을 것 같고, 중학교 때 고등수학 정도는 선행 학습을 해야 '인 서울' 대학에 안심하고 진학할 수 있을 것 같다. 그래서 어떻게든 '적기'에 교육시켜 결함을 남기지 않으려고, 상처를 주지 않으려고 애쓴다. 지금 아이의 행동을 미래에 올지도 모르는 재앙의 단초로 여기기도 하고, 과거에 잘못한 일의 결과라서 더 이상 개선의 여지가 없다고 보기도 한다. 그 '결정적 시기'를 놓치게 만든 상황과 인간관계에 모든 책임을 돌리며, 지금 아무리 교육해도 소용없다고 자포자기한다.

하지만 인생은 길고, 생명의 힘은 강인하다. '결정적 시기'를 놓친다 해도, 아이는 얼마든지 배워야 할 것을 배울 수 있다. 최근의 여러 연구 결과도 아이가 부모와의 관계에서 받는 영향이 생각보다 크지 않다는 것을 뒷받침하고 있다. 아이가 자라는 데 있어 부모의 양육이 제일 중요하다는 믿음은 제2차 세계대전 이후 핵가족 시대에야 떠오른 독특한 유행이라는 것이다. 아이는 부모와의 관계에서만 자라지 않는다. 또래 친구도 있고, 선생님도 있고, 가까운 친척도 있다. 그러므로 부모와의 관계에서 상처를 받았대도 얼마든지 치료할 수 있다. 어른들도 몇 년의 상담과 분석을 통해 자신의 삶을 근본부터 바꾸어 내는데, 배우고 회복하는 일이라면 아이들이 누구보다 전문가 아니던가. 어쩌면 '결정적 시기'란 부모의 불안과 두려움, 게으름을 합리화하는 핑계일지 모른다. 부모는 완벽할 수 없고, 늘 실수한다. 중요한 건 할 수 있는 만큼 최선을 다하는 것이다. 최선을 다했는지 아닌지는 누구보다 본인이 잘 안다. 최선을 다했다면, 의심하지 마라. 넘어졌다면, 넘어진 그곳에서 다시 시작하면 된다.

1. 버릇처럼 아이 앞에서 신세를 한탄하고 있다면

엄마의 신세 한탄은 아이에게 무력감과 죄책감을 느끼게 합니다

아이를 키우면서 엄마는 수시로 슬프고 괴롭습니다. 불안하고 두렵기도 합니다. 그런데 그 감정을 잘 들여다보면 '자기 연민'에 빠져 있는 경우가 많습니다.

엄마가 자기 연민에 빠지는 것을 경계해야 하는 이유는 두 가지입니다. 하나는 엄마가 스스로를 동정하면서 탓하게 되는 상황이 바로 '아이'기 때문입니다. "너만 없었으면", "네가 그래서", "너 때문에"라고 직접 말하지 않더라도 아이들은 자기 연민에 빠져 있는 엄마를 보면서 '뭔가가 나 때문에 잘못됐구나'라고 느낍니다. 그래서 아이는 자신의 존재에 대해 죄책감이나 수치심을 느끼거나, 엄마의 아픔을 본인이 해결하려는 과도한 책임감을 짊어지게 됩니다. 자기 자신으로 살기보다는 엄마의 감정을 고려해야 하는 존재로 사는 거지요.

또 하나의 이유는 아이가 상황을 탓하는 엄마의 태도를 배우기 때문입니다. 상황은 항상 만족스럽지 않습니다. 내 뜻대로 바뀌기도 쉽지 않습니다. 그런데 엄마가 자기 연민에 빠지면 아이들은 불만족스러운 것을 견디기보다는 쉽게 상황을 탓하는 태도를 몸에 익힙니다. '흙수저'로 태어났더라도 우리는 삶의 의지를 세울 수 있습니다. 행복하게 삶을 가꾸어 나갈 수 있습니다. 그러나 자기 연민은 인간 내면에서 솟아나는 의지보다 상황에 손을 들어 줌으로써 그런 가능성을 미리 차단해 버립니다. 상황이 인간을 압도하게 만들어 버립니다.

자신의 감정 상태를 돌아보세요

"너만 아니었어도 결혼도 안 하고 잘살았을 텐데", "너 때문에 내 인생이 꼬였다", "너네 아버지는 왜 저러냐" 같은 말을 아이 앞에서 하는 엄마들이 있습니다. 엄마가 일부러 아이 들으라고 하는 말은 아닐 겁니다. 그저 우울하고 화가 나서 '홧김에' 습관처럼 한 말일 겁니다.

만약 자꾸 아이 앞에서 신세 한탄을 하게 된다면, 얼른 "너한테 하는 말은 아니야"라고 덧붙여 주세요. 그리고 잠깐 멈춰서 여러 감정 언어 중에서 본인에게 알맞은 말을 떠올려 보세요. 화가 났는지, 우울한지, 짜증이 나는지, 슬픈지를 곰곰이 들여다보세요. 엄마 본인도 해결하지 못하는 감정을 아이가 알아줄 수는 없습니다.

자신을 돌보는 시간을 가지세요

어쩌면 엄마에게 필요한 것은 그저 자기를 돌보는 시간인지 모릅니다.

분명히 내가 선택했으나, 어느덧 육아와 가족의 덫에 걸려 버린 기분이 들기도 합니다. 그렇다고 큰 변화를 바라는 것이 아니라면, 그저 잠깐의 휴식과 옛 친구들과의 수다, 또는 엄마 자신만을 위한 맛있는 밥 한 끼만으로도 기분을 달랠 수 있습니다.

2. 해도해도 끝이 없는 노동에 짓눌려 버렸다면

피할 수 없지만, 결국 지나가는 일입니다

엄마 노릇은 끝없는 노동입니다. 세상에서 권하는 엄마 노릇은 돌봄 노동, 가사 노동, 감정 노동, 교육 노동으로 이루어져 있고, 마치 엄마들이 당연하게 해야 하는 것처럼 알려져 있습니다. 엄마들이 '당연하게' 해야 하는지는 모르겠으나, 그 노동이 아이를 키워 내기 위해 반드시 필요한 것은 맞습니다. 그리고 엄마들은 자연스럽게 그 노동을 자처해서 떠맡습니다. 호르몬 때문이라고들 합니다. 모성애 호르몬으로 알려져 있는 옥시토신 호르몬은 자궁을 수축시켜 출산을 돕고, 젖을 돌게 합니다. 이 현상을 피할 수 있는 방법은 없습니다. 하지만 아이가 이유식을 할 때가 되면 자연스럽게 옥시토신이 줄어듭니다. 평생 젖을 먹는 아이는 없으니까요. 결국 엄마 노릇은 한때고, 반드시 지나갑니다. 최근의 여러 연구들이 애착과 아이의 문제 행동 사이의 관련성이 알려진 것보다 적다는 것을 밝혀 주고 있는 것은 환영할 만합니다.

충분히 살아 냈을 때 떠나 보낼 수 있습니다

피할 수 없다면 충분히 살아 내는 것이 남는 장사입니다. 아이를 낳자마자 밭을 매러 다녀야 했던 옛 어머니도 있고, 십수 년이 넘게 자녀 교육에 헌신하는 엄마도 있습니다. 그것은 개인이 가진 삶의 욕구와 처지에 따라 다릅니다. 1년이든 2년이든 아니면 한 달이든 기간은 중요하지 않습니다. 할 수 있는 만큼 충분히, 실컷 엄마 노릇을 해 보기를 바랍니다. 끝이 없다고 생각하면 막막하지만, 언젠가 끝날 일이라고 생각하면 '이 기회'에 해 보는 것이 좋습니다. 삶의 경험이 원할 때마다 주어지는 것은 아니니까요. 그래야 떠나보낼 수 있습니다. 충분하지 못한 경험은 미련을 남기지만, 원 없이 경험해 봤다면 홀가분하게 보낼 수 있습니다.

나만의 '노릇'을 정해 보세요

저는 100명의 엄마가 있으면 100개의 엄마 노릇이 있어야 한다고 생각합니다. 건강에 가치를 두는 엄마 노릇, 자율성이 중요한 엄마 노릇, 규율을 강조하는 엄마 노릇 등 100명의 다양성이 모여 조화로운 사회를 이룬다고 생각합니다. 단 어떤 엄마 노릇을 하더라도 두 가지는 반드시 중요하게 가르쳐야 합니다. 나를 소중하게 대하는 법, 타인을 사랑하는 법이 그것입니다. 엄마가 아이에게 전해 주어야 할 것은 이 두 가지가 전부입니다. 이 두 가지를 큰 기둥으로 삼아 엄마 노릇을 정한다면 나머지는 스타일이고, 변주입니다. 그러니 당신만의 엄마 노릇을 정하고 밀고 나가시길 바랍니다. 엄마 자신을 소중하게 여기고, 아이를 마음껏 사랑한다면 당신이 정하는 엄마 노릇은 무조건 옳습니다.

3. 힘들고 외롭고 우울하기만 하다면

엄마가 특히 신경 써서 관리해야 할 감정이 세 가지 있습니다.

1. 피곤함 – 짜증

엄마가 되면 한 인간으로서 자율성을 상실하는 경험을 합니다. 잠 안 자는 아이, 끊임없이 칭얼대는 아이의 요구에 맞추느라 쉽게 지칩니다. 피곤함은 사실 감정이라기보다는 상태에 가깝습니다. 에너지가 고갈되어 외부의 어떤 요구나 자극에도 반응하기 어려운 몸의 상태죠. 어떻게든 잘 해내고 싶어도 몸이 피곤하면 저절로 짜증이 나고, 짜증은 분노의 씨앗이 됩니다. 만약 이유 없이 짜증이 난다면 피곤하지 않은지 살펴보세요. 수면이 부족하면 짜증이 많이 나고, 자제력도 약해집니다. 스마트폰을 내려놓고 잠깐 눈을 붙이는 것만으로도 피곤과 짜증을 미리 관리할 수 있습니다.

2. 외로움 – 고립감

몇 년간 아이 간병에만 매달려야 했을 때, '내가 하는 유일한 사회적 행동은 쇼핑이구나'라고 느낀 적이 있습니다. 일, 친구, 이웃 등 사회적 연결망을 모조리 잃어버렸던 그때만큼 위축되고 자존감이 낮았던 적이 없었습니다. 인간은 거울처럼 서로를 비춰 주고, 그 속에서 안심하고 자기 존재를 확인하고 키워 갑니다. 외로움과 고립감은 엄마의 자존감을 무너뜨리는 감정입니다. 오래된 친구에게 전화를 한 통 걸어 봐도 좋고, 동호회에 가입해도 좋습니다. 엄마의 인생이 아이로만 채워질 필요는 없고, 그래서도 안 됩니다. 타인과의 연결망을 어떻게 만들어 갈 것인지를 고민하는 것만으로도 외로움과 고립감에서 놓여 날 수 있습니다.

3. 우울함 – 무력감

'피곤함–짜증–외로움–고립감'이 힘을 합하면 우울한 엄마가 됩니다. 우울한 엄마는 화내는 엄마보다 아이에게 더 좋지 않습니다. 아이가 볼 때 화내는 엄마는 그래도 '삶의 사는' 엄마지만, 우울한 엄마는 '죽은 것과 다름없는' 엄마지요.

그렇다고 우울하지 않을 수는 없습니다. 살면서 우울한 감정은 수시로 올라오고 또 지나갑니다. 단 우울함이 우울증으로 가지 않도록 해야 합니다. 우울증이 있는 엄마는 아이가 울어도 뇌에서 별 반응을 보이지 않는다는 연구 결과가 있을 만큼 걱정스런 병이지만, 가벼운 우울감은 '아, 내가 우울하구나' 하고 인정하고 관리하면 지나갈 수 있습니다. 우울한 느낌은 잘 허용하여 지나가도록 하되, 우울증에 빠지지 않도록 관리해야 합니다.

4. '엄마라면 당연히 이 정도는 해야지'라고 생각한다면

엄마들은 보통 '엄마라면 당연히 이 정도는 해야 하는 거 아니야?'라는 내면의 기준을 가지고 있습니다. 그 기준은 여러 경로로 우리에게 영향을 끼칩니다. 더 나은 행동을 하기 위한 동기가 되기도 하지만, '이렇게 안 하면 난 엄마 자격도 없어'라는 강박이 되기도 합니다. 때로는 '그렇게까지 할 수는 없으니 나는 나쁘고 무능력한 엄마야' 하는 무기력의 원인이 되기도 합니다. 모두 엄마 노릇을 힘들게 하는 생각들입니다. 그럴 때는 다음처럼 해 보세요.

누구의 기준인지 생각해 보세요

마음속에서 '엄마라면 당연히 이 정도는 해야지'라고 끊임없이 말하는 사람이 누구인지 생각해 보세요. 정말 자신이 중요하게 생각하는 가치인지, 아니면 어렸을 때 엄마나 선생님이 강요한 가치인지를 꼭 판단할 필요가 있습니다. 남이 만든 기준을 따라가다가 보면 내가 그 행동을 왜 하는지 하는 의미는 사라지고 '내가 어떻게 보일 것인가', '아이가 어떻게 보일 것인가'만 남기 때문입니다. 남부끄럽지 않으려고, 좋은 엄마임을 증명하려고 하는 일에는 끝이 없는 데다가, 주인공인 아이와 엄마는 사라지고 오로지 다른 사람의 시선만이 남아 주인 행세를 하게 됩니다.

할 수 있는 것만 하세요

어떤 엄마는 요리와 청소에 소질이 있고, 어떤 엄마는 옷 만들기에 재주가 있습니다. 어떤 엄마는 살림은 별로지만 아이들과 즐겁게 놀 줄 압니다. 또 어떤 엄마는 관대하여 아이가 자기 기질을 힘껏 펼치도록 놓아 줍니다. 어떤 엄마는 아이가 가진 능력을 이끌어 내는 데 재주가 있고, 어떤 엄마는 자기 삶을 열심히 살아서 아이에게 모범이 됩니다. 이 모든 것을 다 할 수는 없습니다. 못하는 것에 집중하는 것보다 잘하는 것을 더 잘하게 하는 게 훨씬 수월합니다. 그러니 못하는 것에 매달리지 말고, 할 수 있는 것을 선택해 집중하세요.

엄마 강박이 심한 사람이 있습니다. 이것은 개인의 탓이라 보기 어렵습니다. 우리 사회가 워낙 젊은 엄마가 사회에 나설 자리를 마련하지 않다 보니, 엄마들은 아이 육아와 교육을 자신의 '공적인 일'로 여기게 되거든요.

엄마라서 좋은 점을 생각해 보세요

엄마 노릇이 먹이고 입히고 교육하는 기능적인 기계 역할은 아니잖아요. 비록 힘은 들었어도, 모든 엄마에게는 엄마가 되어서 감동을 받은 한 순간이 분명히 있습니다. 아이와 처음 눈을 마주쳤던 순간이었을 수도 있고, 아이가 처음 '엄마'라고 부른 순간일 수도 있습니다. 그 순간을 수시로 떠올려 보세요. 꼭 무엇을 하지 않아도 엄마인 당신으로 존재하기를 멈추지 말고, 나만의 엄마 노릇을 당당히 즐기시길 바랍니다.

5. 아이 때문에 '나'를 잃어버렸다는 생각이 든다면

엄마들이여, 좀 더 적극적으로 혼자만의 시간을 가져라

엄마들은 늘 피곤에 시달립니다. 한 생명체를 24시간 먹이고, 입히고, 재우고, 씻기고, 놀아 주는 게 어디 보통 일인가요? 조금만 쉬어도 일거리는 금방 늘어납니다. 일거리를 처리하다 보면 엄마의 몸과 마음은 너덜너덜해집니다. 육아와 가사 노동은 '이만큼 하면 된다'고 하는 상한선이 없고, '이만하면 다했다'는 종결 시점이 없어서, 자칫 잘못하다가는 점점 빨라지는 컨베이어 벨트를 타게 됩니다.

그러니 먼저 혼자만의 시간을 뚝 떼어 놓으세요. 그렇지 않으면 오롯이 나로 존재하는 시간이 저절로 오지 않습니다. 나로 존재하는 시간이 많아질수록 엄마 노릇도 잘할 수 있습니다. 모닥불에 태울 나무가 없으면 아무리 바람을 일으켜도 그 불은 오래가지 않습니다. 땔감이 넉넉하면 크게 노력하지 않아도 불이 타오르고 나뿐만 아니라 주변 사람도 따뜻해집니다.

혼자만의 시간은 일상에서 땔감을 마련하는 시간입니다. 꼭 외출해서 오랜 시간을 가질 필요도 없습니다. 일상에서 잠깐 나를 위한 음악, 나를 위한 음식, 나를 위한 목욕, 나만을 위한 독서를 즐길 수 있도록 10분이라도 시간을 내면 됩니다. 중요한 것은 '땔감을 마련하기 위해 나를 위한 시간을 갖겠다'라는 삶의 태도니까요. 태도가 갖추면 방법은 저절로 눈에 띌 테니까요.

12 1 2 3 4 5 6 7 8 9 10 11

2장

나는 뻔뻔한 엄마가 되기로 했다

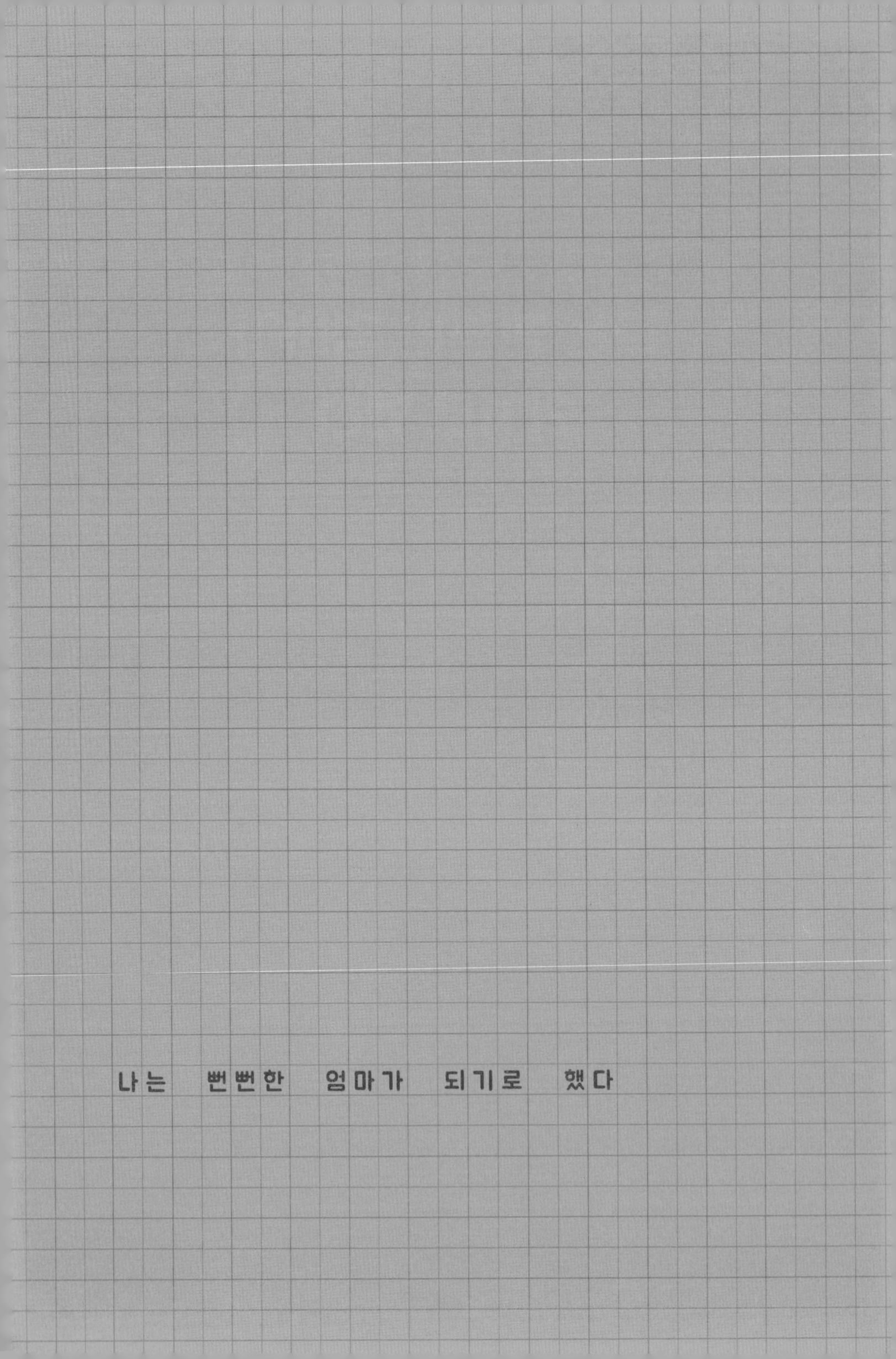

나는 뻔뻔한 엄마가 되기로 했다

01

—

아이의 미래를 걱정하느라 가족의 오늘을 망치지 않는다

항암 치료가 거의 끝나 갈 무렵, '이제 어떻게 살아야 할 것인가?'가 큰 고민으로 다가왔다. 아이가 암에 걸린 것이 '불행'이며 '내 잘못'이라는 자기 연민과 죄책감에서는 어느 정도 벗어났지만, 앞으로 어느 방향을 향해 발걸음을 내디딜지 새롭게 결정해야 했다.

사실 처음에는 그 방향을 '선택'할 수 있다고는 생각지 못했다. 당연히 다니던 학교에 복귀해야 한다고 생각했다. 아이는 초등학교 2학년 내내 학교에 한 번도 나가지 못했으나, 병원 학교에 다녀서 3학년으로 진급하는 데 큰 문제가 없었다.

그러나 현실적으로 학교에 다닐 만한 체력과 면역력이 되지 않았다. 무엇보다 한쪽 눈이 안 보이고, 남은 한쪽 눈의 교정시력도 0.3이 안 되어서, 맨 앞에 앉아도 칠판 글씨를 보지 못했다. '정상적인 학교생활이 가능할까?'라는 의문을 품고 학교에 슬쩍 가 보았다. 교실 안에는 서른 대여섯 명의 아이들이 다닥다닥 자리를 붙이고 앉아 있었다. 우리 아이가 저기에 앉아 있다면? 잘 보이지도 않고, 몸도 잘 못 움직이고, 체력도 약한데, 과연 학교에서 원하는 대로 잘 따라갈 수 있을까? 여러 가지 특별한 도움이 필요한데, 과연 학교 선생님은 아이가 원하는 만큼, 부모가 필요한 만큼 적절한 도움을 줄 수 있을까?

교실을 오래 지켜보지 않아도 답은 금방 나왔다. 학교나 선생님에게 아이를 특별히 고려해 달라고 요구하는 것은 무리였다. 서른 대여섯 명의 아홉 살 아이들 모두 나름대로 '특별한' 도움이 필요해 보였다. 선생님의 능력이 뛰어나고 학교의 의지가 높다고 해도 모든 아이에게 개별적인 도움을 주기에는 역부족일 것 같았다. '특별한 대접'을 받기 위해 학교와 실랑이하다가 서로 상처 입을 것이 뻔했다. 그렇게 '지금 다니는 학교는 아니다'라는 결론을 내렸다. 그럼 무엇을 선택할 수 있는가?

아무리 애를 써도 미래를 완벽히 대비할 수는 없다

항암 치료가 끝날 때 가장 두려운 것은 재발이었다. 치료가 한참 진행되는 동안에는 애써 그 통계 숫자를 잊고 그저 한 달 한 달 무사히 지나기만을 바랐는데, 치료가 끝나는 날이 다가오면서 점점 무서웠다. 그때까지만 해도 공식적으로 아이가 걸린 병의 생존율은 5년 내 5% 이내였다. 모든 논문이 항암제에 잘 반응하지만 재발률이 높다고 말했다. 성장하는 속도가 남다른 공격적인 암이기 때문이었다. 병원에 갈 일이 줄어들면서 이미 알고 있었으나 외면했던 사실이 현실감을 가지고 다가왔다.

아이가 처음 암을 진단받고 밤잠을 못 이루던 때처럼 다시 온갖 망상에 시달렸다. 지금 당장은 MRI에서나 혈액검사에서나 암의 흔적은 전혀 찾아볼 수 없지만, 암이란 녀석은 한번 속도를 내면 얼마나 빠른 속도로 몸을 덮치던가. 그 생각만 하면 온몸이 다시 부들부들 떨렸다. 하지만 의사는 재발을 막을 수 있는 속 시원한 방법을 알지 못했다. 반면 어떤 사람들은 '이것만 먹으면 어떤 암도 물리칠 수 있다'며 터무니없이 비싼 건강식품을 권했다. 어떤 엄마들은 야채와 현미밥 등의 식이요법에 집중하라고도 했다. 그러나 오랜 항암 치료로 조금만 냄새가 이상해도 구토를 하고, 입에 맞는 음식만 조금씩 먹을 수 있는 아이에게 식이요법은 불가능했다. 그뿐만 아니라 각종 대체 요법과 고가의 한방 치료 및 기 치료, 에너지 치료 등을 해 보라는 제안이 쏟아졌다. '바로 이거야!' 하고 매달릴 수도 없었지만 '무슨 택도 없는 소리' 하고 무시할 수도 없었다. 보이는 것이 전부가 아니라는 사실은 암을 진단받으면서 가장 크게 얻은 교훈이 아니던가. 뭐라도 해야 할 것 같았다.

그중 몇 가지를 실제로 해 보았다. 병원 생활을 종결하면서 이제 모든 걸 집에서 엄마가 알아서 책임져야 하는데, 그거라도 안 하면 무슨 일이 생길 것처럼 불안했다. 하지만 그런다고 해서 안심이 되지는 않았다. 오히려 '지금 이 상태가 완벽하지 않음'을 더 뼈저리게 느끼고 자괴감에 빠졌다. 이만큼 온 것도 필사적이었는데, 뭘 얼마나 더 해야 한다는 걸까? 이러면 다시 암에 걸리지 않는 게 확실한가? 평생 이렇게 언제 올지 모르는 재발을 두려워하면서 살아야 하는가? 학교로, 직장으로 복귀하여 예전의 삶을 그대로 살아갈 수도 없고, 치료에만 매달린 채 불안에 떨면서 살 수도 없다. 출구가 보이지 않는 미로에 갇힌 느낌이었다. 이제 어떻게 살아야 하는가?

엄마로서 나는 훗날
무엇을 가장 후회할까?

당시 처해 있는 상황을 차분히 되돌아봤다. 아이의 암은 일단 치료되었으나 언제 재발할지 알 수 없다. 재발을 막기 위해 할 수 있는 모든 행동은 효과가 불분명하고, 삶을 '병'에만 집중하게 한다. 1년을 병과 죽음에 둘러싸여 지냈는데, 다시 그렇게 살고 싶지 않다. 만약에, 만약에 재발한다면, 나는 무엇을 가장 후회할 것인가? 만약 진짜 5년 안에 암이 재발한다면, 그때 후회하지 않기 위해 지금 할 수 있는 일은 무엇인가?

아이가 침도 삼키지 못할 때 말했던 소원이 떠올랐다. "엄마, 시골에 가서 동물들 키우며 살고 싶어"라고 하지 않았던가. 암이 다시 오는 걸 막을 수는 없지만, 그 정도는 할 수 있을 것 같았다. 까짓거, 한 번도 살아 본 적 없는 시골이지만, 못 살 것도 없었다. 아이가 원하지 않는가. 지금 실행에 옮기지 않으면 반드시 나중에 "그때 그럴 걸…"이라고 후회할 터였다.

암이란 자연스레 사멸해야 할 세포가 성장을 멈추지 않아서 생기는 병이다. 유기체에서 어떤 기능을 담당하는 것이 아니라 무한 증식 자체가 목적인 암세포는 주변 조직으로 파고들어 마지막에는 생명체 자체를 죽음으로 내몬다. 그런데 암의 특성인 무한 증식은 가만 보니 학교에서, 사회에서 요구하는 무한 경쟁에서의 생존과 비슷했다. 끝없는 스펙 쌓기, 돈이 필요해서가 아니라 '돈을 무한히 버는 일' 자체가 목적이 되어 버린 자본주의사회. 대학에 다닐 때 《자본론》을 읽은 적이 있는데, 경제학 공식이 빽빽이 적힌 그 책은 읽기 쉽지 않았으나 몇 가지 근본적인 통찰을 안겨 주었다. 어느 수준 이상으로 쌓인 잉여 화폐가 자본이 되고, 자본이 된 화폐는 영원히 죽지 않고 스스로 증식한다는 사실. 그리고 돈은 모든 가치 위에서서 전지전능한 신이 되고, 자본주의사회에서는 '왜 돈을 버는가?'를 아무도 묻지 않고, 돈을 위해서라면 사람의 가치를 무시한다는 사실. 서울이라는 대도시는 '돈의 왕국'이었고, 아이를 살리기 위해서라면 증식 자체가 목적인 무한 증식을 강요하는 무시무시한 외줄타기에서 내려와야 했다.

마음을 정하고 나니, 그다음에 할 일은 저절로 떠올랐다. 먼저 남편의 동의를 받아야 했다. 남편도 오랜 고민 끝에 결국 동의했다. 아마 집안은 엉망진창인데 아무 일 없는 듯 해내야 하는 회사 생활이 힘에 부쳤을 것이다. 몸이 아픈 것은 큰아이였지만 다른 가족들도 큰아이 못지않게 힘들고 아픈 생활을 하고 있었다. 누가 먼저랄 것 없이 우리 가족 모두 치유와 회복이 절실했다.

그럼 어디로 갈 것인가? 우리는 농사를 지으러 가는 게 아니었다. 빽빽한 도시의 삶에서는 숨 쉴 공간이 없으니 맑은 공기를 들이쉬며 살고 싶었다. 알 수 없는 내일이 아니라 당장 지금을 마음껏 누리며 살고 싶었다. 무엇보다 "이렇게, 저렇게 살아야 해"라는 소리를 더 이상 듣고 싶지 않았다. 그런 우리 가족에게 알맞은 장소는 어디일까? 강원도는 너무 춥고, 양평이나 용인 같은 수도권은 대도시의 삶과 크게 다르지 않다고 했다. 삶의 방식을 통째로 바꾸려면 서울 같은 대도시에서 되도록 먼 곳이어야 할 것 같았다. 또 농사로 생계를 유지할 것이 아니므로 공감대를 형성할 수 있는 이웃이 있어야 했다. 마침 한 주간지에서 '귀농 10년 이곳'이라는 타이틀로 지리산 실상사 인근 지역을 크게 소개했다. 10여 년째 운영되는 귀농 학교에서 배출한 귀농자들이 제법 마을을 이루어 살고 있는 곳. 천년고찰 실상사에 중생의 병을 치유해 준다는 오래된 약사불이 있다는 점도 마음에 들었다. 무엇보다 지리산 자락이니 근본부터 삶을 바꾸는 데 안성맞춤일 듯했다.

지리산은 어머니의 산이며, 한반도의 모든 생명을 낳았다는 마고

할미의 전설이 살아 있는 곳이다. 미래에 대한 불안도, 생계에 대한 현실적인 고민도 따뜻한 어머니의 품 안에서라면 눈 녹듯 녹지 않을까? 거기에서라면 생명이 먼저인 삶이 무엇인지 알 수 있을 것 같았다. 한 번도 가 본 적 없는 곳이었지만, 온 세상이 '여기로 가라'고 말해 주는 것 같았다.

아이의 미래는 완벽하게 준비할 수 없지만, 오늘 하루는 충분히 즐거울 수 있다

2008년 3월 26일. 눈이 내리는 날. 우리는 서울에 있는 모든 것을 정리하고 천왕봉을 뒷산으로 하는 마을로 이사를 왔다. 불안과 두려움이 사라지지 않았으나, 그것을 덮고도 남는 설렘과 희망이 있었다. 외줄타기에서 한 발 내려선 듯했고, 출구가 보이지 않는 미로에서 저 멀리 희미한 빛을 발견한 것도 같았다. 내일을 알 수 없는 것이 삶이니, 오늘 저녁 가족이 모인 따뜻한 식사 자리가 매 순간 소중했다. 회색빛 콘크리트로 된 아파트에서 벗어났고, 성냥갑 같은 학교에서도 벗어났다. 매일 산바람과 햇빛을 받으면서 즐겁게 등교하는 아이를 보면 가슴이 뭉클해졌다. 절로 이런 생각이 들었다. 잘 내려왔구나. 판을 뒤집어 버리길 정말 잘했구나.

아이가 '꽃길'을 걷도록 미리미리 준비하는 게 엄마의 역할인 것 같지만, 결코 그렇지 않다. 미래를 대비하느라 현재의 행복을 뒷전에 두거나, 아이의 앞날을 걱정하느라 가족의 오늘을 망치고 있다면, 아이는 그 상황을 보면서 과연 무엇을 배우겠는가. 삶은 유한하며 손에 잡히는 것은 '오늘' 뿐이니, 지금 행복을 함께 마음껏 누리지 않는다면 결국 우리는 미래라는 이름의 불안감에게 포위당할 수밖에 없다. 내일을 불안과 두려움이 아니라 기대와 설렘 그리고 희망으로 맞이하려면 하루하루를 그렇게 채워 가야 한다. 이것이 부모가 아이에게 가르쳐 주어야 하는 삶의 자세다. 그럴 때에만 내일은 신비롭고 놀라운 모습으로 '오늘'이 되어 다가올 것이기 때문이다.

02

—

어쨌든 아이는 잘 자랄 거라고 믿어 의심치 않는다

지리산으로 이사 와서 아이는 물론 우리 가족 모두 점점 건강을 회복했다. 무엇보다 '삶'을 되찾았다. 아무것도 선택할 수 없고, 하라는 대로 해야만 하는 병원 생활을 벗어나니, 아침에 아이를 깨워서 학교에 보내는 것, 가방을 메고 등교하는 아이의 뒷모습을 바라보는 것, 햇볕에 이불을 보송보송하게 말리는 일 등이 처음 해 본 일처럼 새롭고 소중했다. 큰 산 사이로 난 작은 길을 따라 달랑달랑 가방을 메고 한적하게 걸어가고 있는 아이 뒷모습을 보노라면 가슴이 벅차올랐다. 한 학년에 한 반, 한 반에 열 명 내외인 시골의 작은 초등학교에서 아이들은 하나하나가 귀했고, 선생님이 너무 바쁘거나 학생들이 너무 많아서 내 아이에게 필요한 도움이 닿지 않을 확률은 훨씬 적어 보였다. 만약 도시에서 아이들이 쏟아지듯 걸어가는 보도블록 속으로 아이가 사라지듯 걸어갔다면 어땠을까. 아이가 다시 학교에 간다는 기쁨보다는 '정상'인 아이들 틈에서 우리 아이가 배겨 나지 못하면 어쩌지 하는 걱정이 앞서지 않았을까.

엄마가 먼저 놓지 않으면 걱정은 끝없이 이어진다

그러나 그런 벅참도 잠시, 곧 나는 다른 걱정에 사로잡혔다. '소아암 아이의 엄마'로서는 한숨 돌리나 싶었는데, '시각장애 아이의 엄마' 역할이 눈앞에 놓여 있었던 것이다. 병원에서 소아암 아이의 엄마는 나뿐만이 아니었다. 내가 해야 할 일들은 알려 주는 사람이 있었고, 내 고민을 들어 주고 도와주는 사람들도 있었다. 외롭지 않았다. 그런데 세상에 나와 시각장애 아이의 엄마가 되니 막막하고 또 막막했다.

아이는 일상생활에 큰 문제가 없는 것처럼 보였지만, 선생님이 교실에서 TV로 보여 주는 영상 자료는 전혀 보지 못했다. 교실에서 맨 앞자리에 앉아도 선생님이 칠판에 쓴 글씨를 볼 수 없었다. 선생님이 수시로 "자, 여기 좀 보자"라고 말하는데, 그 여기가 어디에 있는 무엇을 말하는지 알 수 없었다. 초등 저학년 교과서는 다행히 글자가 큼직큼직해 아직까지 이리저리 초점을 맞추면 간신히 볼 수 있었지만, 학년이 올라가면서 교과서 글자가 작고 빽빽해지면 확대기 없이 읽기가 힘들 게 분명했다. 교사들도 통합 학급에서 처음 맞이하는 시각장애아를 위해 무엇을 어떻게 해야 하는지 몰랐다. 확대 교과서를 신청하는 것부터 시험 시간을 더 배정하는 일까지, 교사보다 내가 더 많이 알고 있었다. 경상남도 구석의 작은 마을에서 제일 가까운 시각장애인 복지관은 무려 부산에 있었다. 이런 상황에서 아이가 시각장애아로서 학교에 잘 적응할지, 못할지는 오롯이 엄마한테 달려 있는 것처럼 느껴졌다.

다행히 학교는 협조적이었다. 아마 작은 학교여서 가능했을 것이다. 아이는 칠판이 안 보이면 언제든 자리에서 일어나 칠판 앞에 가서 글자를 읽을 수 있도록 허락받았다. 수업 자료로 틀어 준 TV 영상이 보이지 않으면 선생님 자리에 가서 컴퓨터에 눈을 들이대고 볼 수 있었다. 그리고 무엇보다 학교생활을 매우매우 즐거워했다. 나는 '큰 학교였다면 어림없었을 거야'라고 생각하며 가슴을 쓸어내렸다. 중학교, 고등학교에 가서 읽어야 할 게 어마어마하게 쏟아지면 어쩌나 하는 걱정이 잠깐씩 들었으나, 그건 또 그때 가서 해결하면 될 거라 생각했다.

가끔 체력이 떨어져서 감기에 걸릴 때나 환절기에 결석하는 것을 제외하고, 아이는 즐겁고 신나게 학교에 다녔다. 아이가 시각장애라는 사실을 대개는 잊고 살았다. 지역이 지역인지라 매년 소풍은 지리산 천왕봉 등반이었는데, 그때는 누군가가 함께 가야 했다. 내려올 때 발밑의 깊이를 가늠할 수 없었기 때문이었다. 그런 경우만 빼고 아이의 시각장애는 학교생활에 아무런 문제가 되지 않았다.

'내 아이는 내가 제일 잘 안다'는 엄마들의 위험한 착각

그렇게 2~3년이 지났을 때였다. 학교에서 공개수업을 한다고 하여 수업을 참관한 적이 있다. 교실에 들어가자마자 뒤편 칠판에 걸려 있는 아이의 그림을 훑어보았다. 아이가 그린 것은 울퉁불퉁하게 찌그러진 납작한 우유갑이었다. '왜 하필 찌그러진 걸 그렸을까?' 생각하며 무심히 눈을 돌리니 다른 아이들은 모두 찌그러지지 않은 우유갑을 그렸다.

정물화를 배우기 위해 미술 시간에 모두 같은 물건으로 그림을 그리게 한 모양이었다. 다른 아이들은 모두 온전한 우유갑을 그렸는데, 내 아이만 납작하게 비틀린 찌그러진 우유갑을 그렸다는 건, 일부러 그런 게 아니라는 말이었다. 그러니까 어쩌면 아이에게 우유갑은 그렇게 보였을지 몰랐다.

그때 나는 큰 충격을 받았다. 전에는 아이가 '못 보는 것'에 집중했다. 내가 볼 수 있는 게 100이라면 아이는 20이나 30만 볼 수 있다고 생각했지, 내가 보는 것과 완전히 다른 각도로 본다거나 다른 모양으로 본다고는 상상도 못 했다. 눈을 찡그리며 아이가 보는 세상의 모습을 상상해 보았다. 하지만 한쪽 눈을 감고 다른 쪽 눈을 아무리 찡그려도 아이가 보는 세상의 모습을 가늠할 수가 없었다.

그 무렵, 영화 '아바타'가 현란한 입체 영상으로 상영된다고 해서 아이에게 보여 주기 위해 두 시간 거리의 아이맥스 영화관에 갔었다. 아이는 심드렁했다. 다시는 영화관에서 입체 영화를 보지 않을 거라고 신경질적으로 말했다. 내겐 '쉭' 하는 소리와 함께 바로 옆에 화살이 꽂히는 듯 실감 나는 영상이었지만, 한쪽 눈이 보이지 않는 아이에게는 그저 겹쳐 보이는 영상이었을 뿐이었다. 3D, 4D 같은 입체 영상은 두 눈이 모두 건강하다는 걸 전제로 한 기술이었다. 나는 내 처지를 기준으로 아이의 모든 것을 추측하고, '너도 나와 같을 것'이라 단정했던 것이다. 그러니 내가 아이를 위해서 한다고 하는 많은 일들이 꼭 아이에게 도움이 된다고 어찌 말할 수 있겠는가. 아이가 어떻게 세상을 보는지, 어떻게 생각하고 느끼는지 단 하나라도 제대로 '안다'고 말할 수 있겠는가.

모든 아이는 가만 내버려 두어도
힘껏 자신의 생명을 꽃피운다

지리산에 내려온 지 4년째 되던 해 처음으로 밭농사를 지었다. 첫해에 두세 평 남짓한 집 주변 빈 공간을 텃밭으로 일구었고, 이듬해에는 옆집 할머니가 내어 주신 감자밭 서너 고랑을 지어 본 게 농사 경력의 전부인데, 정착을 결심하고 구입한 우리 땅에 밭농사를 지어 보기로 했다.

고구마가 손이 안 간다고 해서 고구마를 왕창 심고, 콩도 심어만 놓으면 잘 자란다고 해서 콩도 제법 심고, 들깨야말로 거저 키우는 거라 하여 막바지에 허겁지겁 심었는데, 날씨가 작물을 키우기엔

영 아니었다. 고구마는 뿌리를 내리지 못하고 죽어 버렸고, 그 자리에 다시 심은 녹두도 비실비실했다. 들깨도 시원찮았고, 콩도 쭉정이만 있었다. 나중에는 잡초가 온 밭을 다 덮을 지경에 이르러 아예 밭으로 발걸음도 하지 않았다.

가을이 깊어져 동네 어르신들 눈치에 울며 겨자 먹기로 수확을 했다. 그런데 몽땅 죽어 버린 줄 알았던 고구마가 하나, 둘 알이 맺혀 있었다. 콩도 깍지 안에 탱글탱글 자리를 잡고 있었다. 날씨가 안 좋아도, 땅이 황폐해도, 그저 묵묵히 힘껏 자라나 열매를 맺은 성장의 힘이 놀라웠다. 다 거두고 보니 우리 가족이 먹고도 남을 만큼 양도 충분했다. "농사가 잘 안 됐다"라고 하는 말은 돈으로 바꿀 수 있을 만큼 충분하지 않다는 말일 뿐, 씨앗은 자기 생명을 힘껏 피워 냈다.

아이를 키우는 일이 이와 같을 것이다. 가끔 아이 자신보다 엄마가 더 아이를 잘 안다고 생각하지만, 누군가가 "너에 대해서는 내가 다 알아"라고 말하기는 얼마나 위험한가.

'아이를 안다'고 말하는 건, 어쩌면 부모의 편견과 욕심으로 아이가 가진 고유한 성장의 힘을 누르는 일일지 모른다. 아이가 가진 힘이 어떤 모양이고 얼마만 한 크기이든, 있는 그대로 활짝 피어나서 온 세상을 은은한 향기로 덮으리라는 걸 믿는 일. 부모가 할 수 있는 일은 그것뿐이다.

03

할 수 없는 일은 과감히 포기하고, 기꺼이 순응한다

2개월 전.

밤에 자다가 아이가 지르는 소리에 놀라 일어났다. 아이는 다리를 움켜쥐고 있었다. 갑자기 통증이 느껴져서 잠에서 깼다고 했다. 밤에 아프면 위험신호다. 4년 전 일이 생각났지만 애써 고개를 젓고, 다음 날 정형외과에 갔다. 인대가 약간 늘어났으며 성장통인 것 같다고 하여 다리에 깁스를 해 주었다.

1개월 전.

조금 나아진 것 같지만 여전히 아프다고 했다. 잘 관찰해 보니, 성장호르몬 주사를 맞은 다음 날 많이 아프고, 점차로 통증이 줄어드는 것 같다. 걸을 때 약간 절룩이는 게 느껴졌다.

2주 전.

정기검진을 받으러 서울에 있는 병원에 갔다. 다리가 아프다고 말했더니, 다리 쪽 MRI를 찍어 보자고 했다. 그동안 검진을 하면서 "가끔 배가 아파요", "기침이 잦아요"라고 말할 때는 "두고 봅시다" 하면서 약을 처방해 주었는데, 다리가 아프다고 했을 때 의사의 반응이 사뭇 다르다. 긴장이 되었다. '뭔가 있는 건가?' 아이는 절룩이면서도 아프지는 않다고 했고, MRI 검사 일정을 예약한 후 예정된 4박 5일 축구 캠프에 참여하고 돌아왔다.

MRI 검사 하루 전.

서울로 올라가는 차 안에서 아이가 말했다. "엄마, 아무것도 안 했는데 고추가 한 시간이나 서 있어." 아이 아빠에게 전화하여 그게 가능한 일이냐고 물어보니 그럴 수는 없다고 한다. 이상한 일이 생긴 것이다. 머리를 굴려 본다. 4년 전 중추신경계 림프종으로 진단받기 전에 척수신경이 눌려서 아이 머리가 기울어졌던 일이 기억났다. 척수신경에 어떤 식으로든 문제가 있을 거라는 얘기다. 다리 MRI를 찍는 것으로는 문제를 밝힐 수 없다. 외래 검사를 본 다음 결과를 보고, 다시 검사하는 데만도 한 달이 걸릴 것이다.

검사 당일.

밤새 고민을 거듭하다 아침에 아이를 데리고 응급실에 갔다. 4년 전에 문제가 생겼을 때 응급실에 가지 못한 일을 만회하고 싶기도 했다. 새로운 증세가 생겼으니 빠른 시간 안에 많은 의사의 진료를 보아야 했다. 정형외과의가 와서 엑스레이를 찍고 다리 쪽을 살펴보더니 "별거 아닙니다" 하고 갔다. 고추가 한 시간 서 있을 수도 있다고 했다. 소아암 클리닉의 의사도 먼저 외래에서 다리 검사를 하고 오라며, 나를 '유난한 엄마'로 대했다. 일단 다리 MRI는 찍지 않고 응급실에서 퇴원했다.

이튿날.

새벽에 또 아이가 다리가 아프다고 소리를 질렀다. 나는 소아암 클리닉에 전화를 걸어 당장 입원장을 내 달라고 말했고, 그날 입원해서 밤에 MRI를 찍을 수 있었다.

다음 날.

공식 판독이 나오지는 않았지만, 척추에서 이상한 '병변'이 발견되었다고 주치의가 전했다. PET-CT와 본 스캔bone scan검사가 처방되었다. 회진을 돌면서 모든 주치의들이 검사 결과를 빨리 알기 위해 '푸시'를 하고 있다고 말했다.

2~3일 후.

모든 영상 검사에서 암세포들이 '나 여기 있소' 하고 소리 높이는 모습이 발견되었다. 무슨 암인지를 알기 위해 골수 검사와 림프절 조직 검사가 추가되었다. 언제 퇴원할지 모르는 입원장이 나왔다.

재발이었다. 발병 4년 만에, 그토록 두려워했던 재발이 찾아왔다. 이번에는 백혈병이라고 했다. 의사가 검사 결과를 전하고 나간 다음, 아이는 벽을 향해 돌아누웠다. 나는 아이의 어깨에 가만히 손을 댔다. 어깨가 들썩이는 대로 손이 흔들렸다. 나직이 아이를 불렀다. 목구멍에 꽉 막힌 울음 덩이를 뚫고 소리가 나왔다.

"현서야, 어떡하니. 다시 치료를 해야 된단다."

아이는 얼굴을 베개에 묻은 채 꺽꺽 울었다.

"왜 이런 일이, 왜 나한테 또 생기는 거야. 내가 6학년 때 얼마나 하고 싶은 게 많았는데. 공부도 더 많이 하고, 축구도 더 많이 하고, 회장 선거도 나가려고 했단 말이야. 졸업할 때 1등 해서 장학금도 받고 싶었다고. 진짜 이제 좀 회복됐는데, 이제 좀 살 만한데, 왜 다시 병원에 들어와야 되냐고!"

뭐라고 할 말이 없었다. 나도 아이와 같은 심정이었다. 가지고 있던 모든 걸 두고 지리산으로까지 갔는데, 할 수 있는 건 다 했는데, 이제 좀 살 만한데, 이제 둘째가 초등학교에 입학할 텐데, 왜 결국 제일 두려워했던 일이 생겨 버린 걸까.

나는 아이를 부둥켜안고 같이 울었다.

"어떡하니. 우리 아들 또 아파서 어떡하니!"

옆자리가 비어 있는 2인실이었기에 아이와 나는 울음을 삼키지 않고 다 토해 낼 수 있었다. 한참 울고 나니 기운이 빠졌고, 간호사가 가슴 쪽 중심 정맥에 관을 뚫는 수술 동의서와 첫 항암제를 들고 병실로 들어왔다. 아이는 아무 의지도 없는 좀비처럼 자기 몸을 내주었다. 나도 기계적으로 서류에 사인했다. 이제 우리는 어떤 길에 들어선 걸까.

까마득한 절벽에 선 듯
아무것도 보이지 않을 때

그날 밤, 작은 보호자 침대에 누웠으나 잠이 오지 않았다. 문틈 사이로 새어 들어오는 빛을 초점 없이 쳐다보았다. 차가운 콘크리트 바닥, 차가운 빛. 지금 이 어둠은 빛을 가지고 있구나. 그런데 아이와 내가 가야 하는 길에는 어떠한 희망의 빛도 보이지 않는구나.

그동안 나는 재발한 아이들이 다시 회복되는 걸 한 번도 보지 못했다. 모두 항암 후유증을 이겨 내지 못하거나 병이 점점 악화되어서 하늘로 갔다. 우리 아이도 그 길을 가고 있는가? 두려움과 억울함이 산처럼 밀려들었다. 가슴이 조여들면서 숨을 쉬기가 어려웠다. 간호사에게 잠깐 자리를 비운다고 하고 병동 밖으로 나갔다.

정월 대보름날이었다. 달이 아무 일 없이 고요하게 떠 있었다. 어제도 그 자리에 있었고, 내일도 보자는 듯했다. 화가 났다. 병원과 병원 옆 대학의 교정을 씩씩거리며 미친 듯이 걸었다. 내가 다니던 대학의 교정이었다. 여기서 젊은 시절을 보냈고, 남편을 만나 결혼했으며, 아이를 낳았다. 그 세월은 모두 이 고통을 위한 날이었던가. 무슨 인생이 이따위인가. 지금 내 현실은 한 가닥의 빛도 느끼기 어려운데 어째서 세상은 그대로인가. 내 아들이 죽을지도 모르는데 어쩌자고 겨울바람이 이리도 맑은가. 미친년처럼 소리를 질렀던가. 땀이 나도록 뛰다시피 걸었던가. 눈가에 눈물이 찬바람을 맞아 서늘했다. 달을 보고 소원을 빌어야 한다는 생각이 났다. 무슨 소원을 빌 수 있는가. 그저 아무 일 없기만 하면 행복했을 텐데, 어쩌자고 이런 일이 자꾸 생기는가. 멈추어 서서 달을 쳐다보았다. 그래 빌어 보자. 무슨 소원? 달을 보며 억지로 말했다. "살려주세요, 살려 달라니까요"라고 내뱉었다. 그때 달이 이렇게 말했다.

"지금 살아 있잖아."

귀로 들었는지, 몸으로 들었는지, 눈으로 들었는지 잘 모르겠다. 하지만 분명히 나는 들었다.

'지금 살아 있잖아.'

그래, 지금 살아 있다. 세상이 어제처럼 여전하듯 아이도 어제처럼 살아 있다. 그제야 미친 듯 끓어오르는 분노가 한풀 꺾였다. 씩

씩대던 내 숨소리도 귀에 들어왔다. '지금 살아 있다'를 되뇌며 천천히 걸어서 병동으로 돌아왔다. 작은 등을 켜고 병실마다 놓여 있던 신약전서를 꺼냈다. 나는 기독교도가 아니었지만, 성경과 목사님의 기도는 병원에서 내가 기댈 수 있는 몇 안 되는 위로처였다. 내게 필요한 말 한마디를 달라고 빌면서 책장을 펼쳤다. 눈에 들어오는 대목을 읽는데, '평생의 문장' 하나를 만났다.

'진리가 너희를 자유롭게 하리라.'

다니던 대학의 교훈이기도 했다. 교정에서 강당에서 복도에서 심지어는 화장실에서, 하루에 열 번도 더 만났던 흔하디흔한 문장이 덜컹 소리를 내면서 가슴에 들어왔다. 진리를 알면, 자유롭게 될 것이다. 지금 느끼는 괴로움은 진리를 모르기 때문이며, 이 구속은 진리를 아는 순간 풀리게 될 것이다. 진리를 알면, 고통에서 자유롭게 될 것이다. 성경을 덮고 두 눈을 붙였다. 부디 내가 진리와 가까워지길, 진리를 알게 되길, 그래서 이 고통에서 놓여 나길 바라면서.

아이에게 닥친 일을 막을 수는 없지만,
마지막까지 아이와 함께할 수는 있다

'관해(백혈병 세포가 없어지는 상태)'를 이끌기 위한 강력한 항암을 진행하면서 아이의 고통이 시작되었다. 진통제가 소용없을 정도로 강한 복통과 턱 밑 신경통이 왔고, 근육 소실이 일어나 걷지 못했다. 통증을 다스릴 수 없어서 24시간 안정제가 투여되었다. 다행히 병실은 4인실 창가 자리였다. 커튼을 치면 옆 병상에 누가 있는지 알지 못했다. 우리 빼고는 모두 신환이었다. 나는 커튼을 열고 나가지 않았다. 우리가 재발이라는 사실을 굳이 알리고 싶지 않았다. 재발했다고 하면 그들의 눈에 순식간에 공포가 엄습한다는 걸 알기 때문이었다. 그 공포는 나도 이미 알고 있는 공포였다. 우리는 '절망의 증거'였다.

아이는 진정제 기운에 취해 자는 듯 마는 듯 있었고, 나는 별다르게 할 일도 없이 보호자 의자에 우두커니 앉아 있었다. 어느덧 밖에는 봄바람이 부는 것 같았다. 창문 밖으로 나무 세 그루가 흔들흔들 바람에 몸을 맡겼다. 나보다 오래 살았을 것 같은 큰 나무였다. 나무에게 물었다. '내가 알아야 할 진리가 뭘까?' 나무는 대답 없이 흔들거렸다.

저 나무는 얼마나 많은 죽음을 보았을까? 나무는 말이 없었다. 나무는 슬퍼 보이지도 않았다. 나무는 옆에서 자라는 풀들이 매년 새로 나고 새로 죽는 걸 보았겠지. 병동에서 매일 죽어 가는 사람도 보았겠지. 간혹 떨어지는 별똥별도 보았겠지. 별똥별은 별이 죽은 흔적이라던데. 별똥별이 떨어지면 어디선가 새로운 별이 생겼을까? 나무는 지금 내가 어떻게 보일까? 어차피 한 사람의 생명은 사그라질 운명을 피할 수 없는데, 그걸 피하겠다고 괴로워하는 내가 얼마나 안타까울까.

그랬다. 모든 생명은 죽는다. 하루살이도 죽고 거북도 죽는다. 그래도 지구는 존재하고 '생물'은 큰 틀에서 생명을 이어 간다. 마치 '내 몸'을 구성하는 세포는 며칠 단위로 태어나고 죽지만, '나'는 몇십 년 살아가는 것과 같은 이치다.

그런데 어째서 나는 그 일이 벌어지지 않기를 바랐을까. 나와 들판의 잡풀과는 어떤 차이도 없는데도. 나는 결코 특별한 존재가 아니었고, 생로병사는 우주의 법칙이었으므로 거기서 벗어나서 존재할 수 없었다. 내 새끼가 죽을지도 모른다는 사실, 어쩌면 지금 죽어 가고 있다는 사실은 '나만' 가지고 있는 특별한 '고통'이 아니라 모든 생명이 존재하는 방식이었다. 죽지 않고 이어지는 생명은 없다는 것. 그게 내가 알아야 할 진리였다. 지금 이 아이가 내 눈앞에서 죽을지라도 큰 차원의 생명은 이어진다는 것. 그러니까 나는 내 살점이 떨어져 나갈 듯한 고통을 느낄 것이 아니라, 한 존재가 가장 평화롭고 아름답게 죽음을 맞을 수 있도록, 생명이 이어지는 한 삶의 기적을 누리도록 최선을 다해 도와야 했다.

창 밖에서 나무가 따뜻하게 흔들렸다. 나는 아이가 깨지 않게 살며시 침상 커튼을 걷었다. '절망의 증거'로 웅크리며 숨어 살 것이 아니라 끝까지 아름답고 평화롭게 존재할 수 있도록, 끝까지 지극히 섬길 일이었다.

깜깜한 터널 저쪽 끝에서 작은 불빛 하나가 보이는 듯했다.

최선을 다한다고 해서 최고의 결과를
얻을 거란 기대는 버린다

이후 나는 '아이를 죽지 않게 만드는 일'을 포기했다. 언젠가 누구나 죽을 것이다. 아무리 발버둥 쳐도 그 사실에서 벗어날 수는 없다. 그러니 아이와 함께 숨 쉬는 지금이 얼마나 소중한가. 그제야 '할 수 있는 일'이 눈에 들어왔다. 아이가 괜찮을 때 조금이라도 웃을 수 있도록 TV 예능 프로그램을 틀어 주었다. 잠깐이라도 바깥바람을 쐬라고 수시로 휠체어로 산책을 했다. 앉을 수 있을 만큼 회복된 후에는 근육의 회복을 위해 '침상에 앉아 다리 들어올리기'를 했다. 무엇보다 이 모든 일을 '즐겁고 편안하게' 했다. 비로소 아이와 나를 둘러싼 어두운 그림자가 걷히기 시작했다. 이미 정해져 있는 결과인 죽음을 받아들이니, 발 딛고 서 있는 삶의 결들이 조금씩 생생해졌다.

모든 것을 버리고 지리산으로 들어왔어도 재발을 막을 수 없었듯, 엄마가 아이를 위해 할 수 있는 모든 일을 다 해도 아이에게 닥치는 일들을 막을 수는 없다. 엄마가 최선을 다한다고 해서 최고의 결과가 얻어지지는 않는다. 오히려 최고의 결과를 위해 최선을 다할 때 엄마와 아이 사이에는 긴장감이 흐른다. 원하는 결과가 나오지 않을까 봐 불안해지고, 두려움이 덮친다. 긴장과 불안과 공포는 빛의 속도로 삶에서 생기를 빼앗아 간다. 그러니 엄마는 되도록 빨리 '할 수 없다'는 사실을 받아들여야 한다. 엄마는 생명을 탄생시키고 삶을 지키는 존재기 때문이다.

04

—

'엄마라면 당연히 이 정도는 알아야 한다'는 생각을 버린다

책대로 자라지 않는 아이들이 있다. 아이의 발달 단계와 이유식 먹이는 순서를 달달 외워 봤자 소용없다. 왜 그러냐고 아이에게 물어봐도 대답은 얻을 수 없다. 아이도 모르기 때문이다. 가끔은 '다 알려는 병'이 아이도, 엄마도, 관계도 망친다.

나도 엄마의 정보력이 제일 중요하다고 믿었다

처음 아이가 '중추신경계 림프종'이라는 복잡한 이름의 암에 걸렸을 때, 나는 그게 무엇인지 알려고 무던히도 애썼다. 의료진이 병에 대해 설명해 주었지만, 그것으로는 성에 차지 않았다. 나는 '소아 중추신경계 림프종'을 키워드로 논문을 검색해 보았다. 논문은 열

개가 채 안 되었다. 그때만 해도 전 세계적으로 보고된 사례 자체가 별로 없었던 것 같다. 열 명 남짓한 아이들을 대상으로 한 연구들은 각각의 환자를 어떤 방법으로 치료했고, 얼마나 효과적이었는지만을 적고 있었다. '일반적'으로 가장 효과적인 치료법이나 '전반적'인 치료율이 얼마나 되는지 같은 얘기는 없었다. 개인마다 다른 증상을 보였고, 각자 다른 치료법을 적용받았다. 우리의 경우와 꼭 맞는 정보는 없었다.

그러니 나는 의료진을 100% 믿을 수 없었다. 의료진도 이 병에 대해 잘 모르는 게 아닐까 하고 의심했다. 첫 번째 항암이 끝나고 나서 진료 기록을 들고 다른 병원에 가 보았다. 큰 병에는 세 명의 의사가 필요하다고 하지 않던가. 혈액암 부분에서 가장 크고 유명하다는 두 병원을 찾아가서, 중추신경계 림프종 소아 환자를 몇 명 치료했는지를 물었다. 한 병원은 한 명 보았다고 했고, 또 한 병원은 세 명 보았다고 했다. 지금 치료받는 병원과 큰 차이가 없었다. 두 병원에서 모두 지금 다니는 병원에서 잘 치료받으라고 말했다.

'의사도 잘 모르는 것 아니야?'라는 의심은 불안을 낳았고, '내가 미리 다 알아야 돼'라는 강박을 만들었다. 두 번째 항암이 시작되면서 병원에서는 방사선 치료를 권했다. 방사선 치료란 방사선으로 조직을 '지지는' 시술이다. 수술할 수 없는 부위를 치료할 때 쓰이는데, 방사선으로 '지져진' 조직은 재생되지 않는다. 게다가 2차 암을 낳을 위험도 있다. 피폭이라는 게, 방사선으로 세포의 DNA 조직이 파괴되어 돌연변이가 되는 일 아닌가. 이런 위험 때문에 앞으로 성장해 나가야 하는 소아에게는 잘 사용하지 않는다. 그런데 림프종은 워낙 공격적인 암이고, 칼로 장기를 열어서 암이 생긴 조직을 제거하기에는 뇌라는 부위가 매우 위험하기 때문에 방사선 치료를 제안한 것이었다.

나는 방사선 치료를 받지 않겠다고 했다. 내가 읽은 논문 중에 방사선 없이 항암만으로 치료했다는 보고가 있었기에, 그것을 믿고 싶었다. 한번 쬐면 다시 세포 재생이 안 되는 방사선. 그 부작용을 피하고 싶었다. 늦은 밤, 그 소식을 전해 들은 펠로우 선생님이 병실을 찾았다. 그리고 간곡하게 말했다. "어머니, 방사선 치료 꼭 받으셔야 해요. 안 받으시면 안 돼요."

몇 마디 하지 않으셨는데, 아이를 위하는 간절함이 느껴졌다. 왜 마음대로 안 받겠다고 하느냐는 꾸짖음도, 안 받으면 무서운 일이 생길지도 모른다는 협박도 아니었다. 아이를 위해서, 치료하기 위해서 꼭 받아야 한다는 권유에 나도 모르게 그러자고 했다.

방사선 치료를 받기로 했다고 하자, 가족 중 누구는 방사선 부작용을 걱정하면서 이렇게 말했다. "방사선을 쬐면 50살 이후에 암이 다시 생길 수도 있대."

지금 5년을 살까 말까를 걱정하는데 50살 이후라니. 건강하시던 작은아버지도 40대에 뇌출혈로 돌아가시지 않았는가. 50년이면 배우고, 사랑하고, 아이를 낳기에 충분한 시간이다. 50살까지 살게 할 수 있다면 나는 엄마 노릇을 다한 거라는 생각이 들었다.

백혈병, 림프종 같은 혈액암은 표준 치료법이 있다는데, 소아 중추신경계 림프종은 혈액암으로 분류되는데도 복잡한 진단명만큼이나 치료법도 복잡하고, 기약이 없었다. 4차 항암 무렵, 의료진은 갑자기 신약을 써 보자고 했다. 뇌는 워낙 보호막이 단단해 항암제가 흡수되기 어려운데, 척수액을 통해 주입하면 좀 더 오래 뇌에 머물 수 있는 항암제가 새로 나왔다는 것이었다. 효과나 부작용이 입증되지 않았기에 보험이 적용되지 않았고, 한 번 맞는 데 300만 원 정도 드는 비싼 약이었다. 누구도 뚜렷하게 "효과가 있다", "이런 부작용이 있다"라고 말하지 않았다. 그 약에 대해 더 알려고 해도 방법이 없었다. 그러니 "맞지 않겠다"라고 말할 수도 없었다. 아무것도 모른 채, 그저 효과가 있기만을 기도하면서 신약을 맞았다.

이렇게 24회의 방사선 치료, 10차에 걸친 입원 항암, 신약 투여 등을 거쳐 왔는데도, 의사는 속 시원히 언제 항암을 종결할 것인지를 말해 주지 않았다. 그 와중에 병동에서는 암은 다 치료되었으나 항암제 후유증으로 하늘로 간 아이들이 생겼다. 거듭된 항암으로 한번 떨어진 면역이 회복되지 못하자 패혈증에 걸려 하늘로 간 것이다. '항암제가 이렇게 독한 거구나.' 그걸 목격한 나는 공포에 사로잡혔다. 이미 3차 항암 이후 어떤 검사에서도 암의 존재는 찾아볼 수 없었다. 의료진은 미세잔존암, 즉 검사에서는 나타나지 않지만 보이지 않는 곳에 있을 암을 박멸하기 위해 남은 항암을 하는 거라고 했다. 우리는 10차가 되었을 때 더 이상 항암을 받지 않겠다고 했다. 이미 입원해서 하는 항암 스케줄은 끝났고, 지금 진행하는 항암은 관해 상태를 유지하기 위한 것인데, 그러다가 아이의 면역력이 회복되지 못하면 어쩌냐고, 우리는 항암을 이제 그만두겠다고 했다. 의료진은 그러라고 했다.

엄마만큼이나 아이의 미래를 응원하고 지지하는 사람들이 많다는 사실을 믿을 것

그런데 재발을 했다. '미분화성 백혈병'. 백혈병 중에서도 발생율 0.5%를 차지하는 아주 드문 타입의 병이었다. 논문을 검색해 보니, 치료법은커녕 '어떻게 진단할 것인가'에 대한 논문만 몇 편 있었다. 며칠 동안 해외 사이트까지 샅샅이 검색했지만, 속 시원한 정보를 얻을 수 없었다. 의료진은 이 병을 어떻게 치료해야 하는지를 두고 각 분야의 전문가들이 모여 컨퍼런스를 했다고 했다. 그제야 나는 더 알고자 하는 노력을 멈추었다.

그리고 지난 일을 되돌아보았다. 처음 병이 났을 때, 내가 알게 된 5년 생존율이 5% 이하라는 정보는 어떤 도움이 되었던가. 방사선 치료를 한다고 했을 때, 부작용을 걱정해 '하지 않겠다'고 했던 일은 또 어떤 도움이 되었던가. 신약을 맞자고 했을 때, 충분한 정보를 알지 못해서 생긴 두려움은 결국 무엇을 가져다주었던가. 그리고 유지 항암을 그만하겠다고 했던 일은 또 얼마나 후회했던가.

그때 충분한 유지 항암으로 미세잔존암을 없앴더라면, 다시 암이 재발하지 않았을지도 모른다고 얼마나 땅을 치고 후회했던가.

내가 모든 것을 알고자 했던 것은 '내가 모든 일을 통제하고 싶다'는 욕망 때문이었다. 그리고 알 수 없는 미래에 대한 두려움을 조금이라도 덜어 보기 위한 필사적인 노력이었다. 조금 더 많이 알고, 조금 더 많이 보면 불안하지도, 두렵지도 않을 거라고 생각했다.

그러나 보이지 않는 것을 볼 방법은 없었다. 오히려 알 수 없는 것을 알고자 했을 때 나의 일상은 긴장감으로 가득했고, 희망과 낙관보다는 불안과 비관이 득세했다. 내가 알았어야 하는 것은 항암제의 부작용이 아니라, 항암제에 담긴 인간의 염원을 믿는 일이었다. 암세포로부터 생명을 보호하기 위해 얼마나 많은 사람들이 암을 연구하며 노력해 왔는지, 그 안에 담긴 역사를 존중해야 했다. 실제로 항암제로, 방사선 치료로, 현대 의학으로 얼마나 많은 생명이 죽음의 위기에서 벗어났던가.

재발 후, 더 알려는 노력을 멈추고 나니 오히려 불안이 사라졌다. 의료진도 나만큼, 아니 나보다 더 우리 아이가 완전히 치료되기를 바란다는 사실이 그제야 눈으로, 마음으로 들어왔다. 의료진도 나도 불완전한 인간이지만, 어린 생명을 지켜서 꽃피우게 하려는 간절함은 똑같다는 믿음이 생겼다. 엄마는 모든 일을 알 수 없으며, 통제할 수도 없다는 깨달음이 생겼다. 오히려 모든 것을 알고 마음대로 조정하려고 하는 순간, 엄마인 나의 마음은 갈 곳 없이 허공을 헤매며 아이의 마음도 같이 떠돈다. 엄마가 아이 앞에 닥친 운명의 길을 다 알 수도 없으며, 다 알 필요도 없다. 그걸 빨리 깨달았더라면, 그동안 불안이 내 영혼을 잠식하도록 내버려 두지는 않았을 텐데.

05 '세상이 그러니까, 남들도 다 하니까'라는 논리에 휘둘리지 않는다

백혈병으로 재발한 후 첫 번째 항암은 성공적이었다. 검사에서 암세포가 보이지 않는 관해를 달성했다. 의료진은 바로 '이식'을 하자고 이야기했다. 10차에 걸친 항암에도 살아남은 암세포기 때문에, 은밀한 곳에 암세포가 숨어 있을지 모르므로 완치를 위해서라면 이식은 필수라고 했다.

이식에 가장 좋은 것은 형제의 조혈모다. 당시 여덟 살이던 작은아이의 혈액이 큰아이와 맞는지 제일 먼저 검사했다. 아쉽게도 작은아이와 큰아이는 맞지 않았다. 국내의 조혈모세포 은행에 등록된 기증 희망자를 검색했으나, 우리 아이에게 이식이 가능한 사람은 단 한 명도 없었다. 이식은 총 여덟 개의 조직 적합성 항원이 꼭 맞는 게 제일 좋다. 그중 한 개 정도는 틀려도 이식이 가능하다. 조혈모세포 은행에 등록된 항원은 여덟 개 중 두 개인데, 두 개가 맞는 사람을 먼저 찾은 다음, 그 사람의 기증 의사를 확인한다. 만약 기증을 하겠다고 하면 나머지 여섯 개의 조직 적합성 항원을 검사한다. 두 개가 일치하고 기증 의지도 확인했건만, 나머지 검사에서 항원이 환자와 맞지 않아 이식이 무산된 경우도 흔하다. 우리 같은 경우는 등록된 두 개도 맞는 사람이 없었는데, 아주 드문 경우는 아니었다.

의료진은 해외의 조혈모를 검색해 본다고 했다. 나는 적극적 동의도, 적극적 반대도 표시하지 않고 어물쩍 넘어갔다. 사실 의료진이 이식을 말했을 때, 나는 이식을 하면 치료될 거라고 믿지 못했다.

아이를 위해 기다려야 할 때와 결단해야 할 때

재발하기 4년 전, 지금으로부터 약 11년 전인 2007년에도 조혈모세포를 이식받는 아이들이 있었다. 하지만 어찌 된 일인지, 나는 이식이 성공적으로 이루어져서 완치된 경우를 별로 목격하지 못했다. 이식이란 일반 항암보다 열 배 강한 항암제로 환자의 조혈모를 완전히 박멸(!)한 다음 기증자의 조혈모를 수혈받는 과정이다. 환자의 조혈모는 이미 암세포가 가득한 비정상 혈액을 생산하고 있으므로, 근본적으로 조혈모를 바꾸지 않으면 완치는 불가능하다. 하지만 열 배나 강한 항암제의 독성으로 인체 각 기관이 손상될 수 있고, 조혈모가 박멸된 상태에서 인체의 면역 기능을 담당하는 백혈구도 한동안 없어지면 면역결핍 상태가 되어 감염의 위험이 커진다. 실제로 내가 1년 동안 만난 아이들 중 어떤 아이는 항암제 독성을 이기지 못해 무균실에서 하늘로 갔고, 어떤 아이들은 면역결핍 상태에서 감염되어 패혈증으로 하늘로 갔다. 또 어떤 아이들은 겨우 이식 과정에서는 살아남았지만 숙주 반응으로 오래 고생하다가 하늘로 가기도 했고, 일상생활이 어려울 정도의 숙주 반응 때문에 고생하는 아이들도 있었다.

의료진은 완치를 생각하기 때문에 이식을 권하지만, 위험이 워낙 크고 부작용도 만만치 않아서 엄마들 중에는 이식을 거부하고 항암으로 종결하기를 선택하는 사람도 있었다. 나는 내가 목격한 것과, 의료진의 치료 방침과, 선배 엄마들의 이런저런 권유 사이에서 갈팡질팡했다. 의료진이 이끄는 대로 이식을 하는 것도 무서웠고, 이식을 받지 않겠다고 할 수도 없었다. 그러니 조혈모세포 기증자를 찾는 과정에서도 간절함이 없었다. 국내에 맞는 기증자가 없다는 소식을 들었을 때도 크게 실망하지 않았다. 마음 한쪽 은밀한 곳에서는 '이식을 안 할 수는 없을까'라고 생각했기 때문이었다.

해외에서 조혈모를 검색해 보니 미국에서 한 명, 대만에서 한 명, 독일에서 한 명, 일본에서 한 명이 나왔다. 그중 너무 나이가 많거나 질환이 있어서 기증을 할 수 없는 사람을 제외하니 대만 한 명, 일본 한 명이 남았다. 두 분 모두 고맙게도 기증을 해 주겠다고 하여, 일본 사람의 나머지 여섯 개의 항원이 적합한지 검사했다. 결과가 나오기까지는 약 2주 정도의 시간이 걸렸고, 우리는 계속 이식을 위한 항암 치료를 받았다. 여전히 마음속에서는 이식에 대한 생각을 정리하지 못하고 있는 상태였다.

결단해야 할 때는
그 누구보다 용감해질 것

그때 병원에서 마주치는 환자 중에 우리처럼 재발해서 항암을 하고 이식을 받은 아이가 있었다. 2학년 때 처음 백혈병에 걸렸다는 그 아이는 6학년 때 재발을 했고, 다시 고등학생 때 세 번째로 발병했다. 처음 병에 걸렸을 때는 예후가 그리 나쁘지 않았기에 3년간의 항암 치료로만 종결했었는데, 재발했을 때는 이식을 하고 싶어도 항원이 맞는 기증자를 찾을 수 없어서 항암 치료만 했다고 했다. 그런데 항암제에 내성이 생겼는지, 암세포의 세력이 커졌는지, 또 재발을 했고, 마침 미국에서 항원이 맞는 조혈모를 찾아 막 이식을 한 참이었다. 우리도 해외 공여자를 검색하고 있을 무렵, 그 아이는 무사히 이식을 마치고 나와 일반 병실에서 회복하고 있었다. 나는 '우리도 저런 치료 과정을 겪겠구나' 싶어 유심히 그 아이를 지켜보았다.

그런데 그 아이는 좀처럼 회복되지 않았다. 퇴원했다가도 일주일쯤 지나면 다시 입원했다. 간 수치며 신장 수치가 정상 수준으로 돌아오지 않는다고 했다. 항암을 받은 시간만 6년이니, 그동안 몸이 많이 상했던 데다가 이식 과정에서 더 강한 항암제에 노출된 까닭이었다. 다들 이식된 조혈모가 완전히 생착되고 면역 기능이 살아나면 회복되리라 기대했다.

그러던 어느 날, 아이는 한두 번 크게 기침을 하더니 숨이 넘어가는 듯 호흡을 하지 못했다. 황급히 삽관을 하고, 산소통으로 호흡을 하다가 중환자실로 옮겨졌고, 며칠 후 결국 하늘로 갔다는 소식을 들었다.

그 소식을 듣고 얼마나 애통하고 막막했던지. 나는 그 자리에 주저앉아 숨죽여 울었다. 두려웠다. 내가 이식받기를 망설였던 이유가 그대로 눈앞에서 펼쳐진 듯했다. 하지만 이식을 받지 않는다면 과연 희망이 있는가? 그 아이는 이식을 하지 않았고, 두 번이나 재발을 했다. 세 번째로 암이 찾아왔을 때 이식 외에는 선택의 여지가 없었다. 하지만 오랜 기간 항암제에 노출된 몸은 이식 과정을 이겨내지 못했다.

지금 우리 아이가 이식을 받지 않는다면 항암을 오랫동안 할 것이다. 그러고도 그 아이처럼 세 번째로 재발한다면 몸이 상할 대로 상한 상태에서 이식을 받게 될 것이고, 결국 아슬아슬하게 살다가 파국을 맞게 될 것이다. 승부를 걸려면 지금 걸어야 했다.

울면서도 생각이 멈추지 않았고, 결심이 서자 눈물이 그쳤다. 이식을 해야 한다. 만약 지금 검사 중인 해외 공여자의 골수가 맞지 않는다면 부모-자식 간 반일치 이식이 가능한 병원으로 옮겨서라도 지금 이식을 받아야 한다. 재발하지 않고 완치를 바라는 치료법은 그것뿐이다. 연명하는 삶이 아니라, 이도 저도 불안해서 선택하지 않는 삶이 아니라, 내가 이식을 '선택'해야 한다. 지금 물러설 수 없다.

비로소 검사 중인 해외 공여자의 조직 적합성이 아이와 맞기를 간절히 바랐다. 어정쩡하게 '흘러가는 대로 맡기자'라고 먹었던 마음이 단단해졌다. 비록 가장 큰 위험을 감수해야 한다고 하더라도 가장 큰 희망을 선택할 것이다. 처음으로 새벽에 일어나 기도를 했다. 검사 결과가 맞지 않으면 다른 병원으로 옮겨서라도 이식을 받을 거라고, 그러니 하늘이 정한 뜻대로 하시라고. 비장함이 가득한 '협박성' 기도였다.

인생에서 '어쩔 수 없는 상황'이란 없다,
'선택하지 않기'를 선택한 것일 뿐

사흘 후, 간호사가 검사 결과를 전해 주었다.

"어머니! 100% 일치예요! 축하드려요!"

너무 기뻐도 눈물이 난다는 걸, 그때 알았다. 전 세계에서 단 한 명 나타난 공여자와 100% 일치라니. 나도 모르게 간호사를 끌어안고 환호했다. 기적이란 게 이렇게 오는구나. 아무리 노력해도 내 힘으로 이룰 수 없는 일이 이렇게 주어지는구나. 아들이 어린 나이에

암에 걸리고, 그게 다시 재발한 처지라는 사실은 까맣게 잊은 채 세상을 다 가진 것 같았다.

그다음부터 이식의 위험으로 인한 두려움보다는 어떻게 이식을 맞이할 것인가에 집중했다. 처음에 이식은 어쩔 수 없는 상황으로 주어졌지만, 이때 이후 이식은 재발 없는 완치를 위한 적극적인 '선택'이 되었다.

엄마로 살다 보면 '어쩔 수 없는 상황'을 자주 접하게 된다. 돌이 되면 젖을 떼야 하고, 어린이집-유치원-학교로 이어지는 아이의 교육 스케줄도 개인의 자유의지와 관계없이 다가온다. 그 속에서 엄마의 의지에 따라 선택할 수 있는 것은 거의 없는 듯하다. 그저 세상이 그러니까, 남들도 다 하니까 무작정 따라가야만 할 것 같다. 그러나 '어쩔 수 없는 상황'은 없다. 상황에 그냥 끌려간다면, 선택하지 않을 것을 자유의지로 선택한 것이다. '과연 선택이 가능할까?' 싶은 상황일지라도 선택의 자유는 분명히 존재한다. 삶의 이야기는 선택의 결과들로 만들어진다.

엄마로 사는 일은 인생의 최전선에서 살기로 선택하는 것이다. 거부할 것인가, 받아들일 것인가. 비극으로 받아들일 것인가, 희극으로 받아들일 것인가. 누구를 주인공으로 어떤 드라마를 써 나갈 것인가. 이 세상에 미리 대본이 정해져 있는 삶은 없다.

06

—

불안한 마음을 잔소리로 풀지 않는다

엄마는 불안을 먹고 사는 존재다. 불안은 피할 수 없는 엄마의 숙명과도 같다. 불안의 원인은 '모른다'는 것이다. 엄마는 아이라는 타자를 모르면서 알아야 한다고, 혹은 알고 있다고 생각한다. 아이를 지키기 위해서는 알 수 없는 미래도 알아야 한다고 믿는다. 그러나 이런 엄마의 시도는 100% 실패할 수밖에 없다. 삶은 예상치 못한 일, 원하지 않은 일로 가득 차 있기 때문이다.

불안한 생각이 한번 머릿속에 똬리를 틀면 멈출 방법이 없다. 그 생각이 과거의 상처와 이어지면 미래는 파국으로 끝나는 드라마가 되어 버린다. 미래에 대한 불안이 과거의 상처와 연결되면, 알지 못하는 미래는 알고 있는 불행을 미리 보여 주는 '가상현실'로 탈바꿈하기 때문이다. 그리고 과거와 미래가 함께 소용돌이치는 상황에 현재가 휩쓸리면 멈추기 어렵다. 무서운 것은, 엄마가 드라마 속 비련의 주인공이 될수록 아이는 정서적으로 방치된다는 사실이다.

아이를 키우는 일은
불안과 수시로 싸우는 일

내가 아이와 함께한 투병 기간은 불안과 싸우는 시간이었다. 나는 이미 재앙을 경험한 엄마였다. 아이가 기침만 해도 가벼이 넘길 수 없었다. 조혈모세포 이식을 마치고 퇴원한 지 며칠 안 되었을 때였다. 이식이라는 게 사람의 면역체계를 완전히 없앤 다음 다시 새롭게 세우는 과정이라, 혹시 합병증이라도 생기지 않을까 노심초사했다. 특히 '숙주 반응'이 올까 봐 가장 두려웠다. 숙주 반응은 이식된 세포가 새로운 몸을 '적'으로 인식해서 공격하는 반응이다. 일종의 면역반응인 알레르기 반응이라고 할 수 있는데, 피부에 발진이 나거나 피부가 가려워지거나 딱딱해지는 약한 숙주 반응부터 시작해서 장, 눈, 폐, 구강 등으로 오는 강한 숙주 반응이 있다. 그중 환자들이 가장 두려워하는 숙주는 '폐 숙주'다. 폐 숙주는 한번 생기면 잘 치료되지 않는다. 폐가 섬유화가 되어 만성 폐쇄성 호흡 증후군으로 이어져서 이식이 성공했음에도 폐 숙주로 사망하거나, 다시 폐를 이식해야 한다. 또 폐 숙주가 생기면 화장실에 가려고 걷는 것도 힘들 만큼 호흡 능력이 떨어져 일상생활이 어려워진다. 사는 것 자체가 고통일 정도로 삶의 질이 바닥을 치는 것이다.

퇴원하고 열흘쯤 되었을 때, 아이의 모든 증상이 예사롭게 보이지 않던 그 시절 어느 저녁, 아이가 콜록콜록 밭은기침을 했다. 혹시 폐 숙주의 전조 증상일까? '에이, 기침 한두 번 했다고 그럴 리가 있어.' 애써 고개를 저었지만 아이의 기침은 조금씩 계속됐다. 아이가 기침 한 번 할 때마다 가슴이 쿵쿵 내려가는 것 같았다. 갑자기 호흡수를 세어 봐야겠다는 생각이 들었다. 1분 동안 아이가 얼마나 숨을 쉬는지 세었다. 52번이었다. 몇 번을 다시 세어도 50회 밑으로 떨어지지 않았다. 신생아와 맞먹는 호흡수였다. 만 12세 남자아이의 평균 분당 호흡수는 20회 남짓이었다. 조금 긴장됐지만 약한 기침과 호흡수가 평균 이상인 증상으로는 병원에 가기가 애매했다. 정기검진은 주 1회였는데, 병원에서는 열이 나거나 설사가 멈추지 않으면 오라고 했다.

그런데 다음 날, 아이의 눈이 빨갛게 되고 눈곱이 끼더니 설사를 시작했다. 하루에 여섯 번 설사를 해서 식사도 멈추었다. 37.8도 정도의 미열이 떨어지지 않았다. 피부에 발진이 돋았다. 병원에서는 얼른 입원하라고 했다. 염증인지 숙주 반응인지 알기 위해 여러 검사를 실시했다. 나는 주치의에게 "기침도 조금 하고 호흡수가 좀 많아요"라고 했다. 주치의는 입원하면서 찍은 엑스레이에 큰 문제가 없었다며 열과 설사가 더 문제라고 했다. 그런데 아이 기침이 점점 심해졌다. 저녁이 되자 빨갛게 된 눈이 보이지 않을 만큼 눈곱이 꼈고, 배도 아프다고 했다. 잠을 이루지 못할 정도로 기침을 했다. 다시 엑스레이를 찍었는데 주치의가 다급하게 폐 CT를 처방했다. 분명 입원할 때는 괜찮았는데, 다시 찍은 사진에서는 폐가 온통 까맣게 나왔다는 것이었다. 폐라는 기관은 스펀지 같은 조직이어서 한 번 염증이 생기면 순식간에 나빠졌다. 피부과와 안과에서는 '숙주'라는 진단이 나왔다. 이식 후 두 달 만에 생긴 급성 숙주였다. 폐 기능은 60% 밑으로 떨어졌다. 숙주가 더 진행되는 것을 막기 위해 엄청난 양의 약물이 투여되었다. 그렇게 이식 후 한 달간 더 병원에 머물렀고, 조금씩 숙주는 진정되었다.

불안을 내버려 두면
엄마의 삶은 피폐해진다

자라 보고 놀란 가슴은 솥뚜껑 보고도 놀라는 법. 이식 후 100일 만에 한아름의 약을 싸 들고 지리산 집으로 돌아왔다. 집안을 병원 수준으로 청소하고, 매끼 아이 입맛에 맞춘 멸균식을 만들어 내고, 매주 가슴에 뚫은 중심 정맥관을 소독하고, 초등학교 2학년인 작은 아이를 돌보느라 매일매일 정신없이 바빴고, 그 덕에 일상에는 활력이 돌아왔다.

문제는 수시로 찾아오는 불안이었다. 잠시 일을 손에서 놓으면 어느새 아이의 숨소리를 세고 있는 나를 발견하는 일이 한두 번이 아니었다. 아이가 헛기침을 하거나 조금만 컨디션이 안 좋으면 나도 모르게 숨죽이면서 아이의 분당 호흡수를 셌다. 열이라도 나면 밤새 아이 곁에 누워 아이 숨이 들어오고 나오는 순간마다 번호를 매겼다. 옆에서 자는 작은아이의 호흡수도 셌는데, 언제나 큰아이의 호흡수가 작은아이의 것보다 1.5배 정도 많았다. 낮에는 미친년 널뛰듯 종종거리다가 밤이 되면 살얼음판을 걷는 듯 아슬아슬했다.

이식 후 2년까지는 숙주 반응이 일어나는 걸 목격했기에 안심할 수 없었다. 아이는 면역억제제를 계속 복용 중이라 쉽게 감염되고 열이 올랐다. 그렇게 살얼음 위를 걷듯 1년이 가고, 2년이 가면서 점점 숙주 반응에서 자유로워졌다.

그러나 안심도 잠시, 이식 후 2년째 되던 해 정기 골수 검사에서는 생착률이 떨어졌다는 결과가 나왔다. 골수가 공여자(이식해 준 사람)의 조혈모세포로 100% 바뀌어야 성공인데, 이식 직후에는 100%였던 것이 95%로 떨어졌다고 했다. 나머지 5%는 원래 아이가 가지고 있던 세포로, 이는 암세포가 다시 자라고 있다는 증거일 수 있었다. 당장 할 수 있는 일은 없지만 아이 상태를 잘 지켜보면서 골수 검사를 3개월마다 해야 했다. 숙주 반응에서 놓여나나 싶었는데, 다시 암세포가 찾아올까 봐 두려운 상황이 되었다. 한번 발동이 걸리면 무섭게 자라나는 게 암세포인지라, 그 3개월은 숙주 반응이 일어날까 봐 전전긍긍했던 것과는 비교도 안 될 만큼 초조하고 막막한 시간이었다. 검사 결과를 전화로 듣는 날, 종일 온몸이 후들후들 떨렸다. 의사는 95%였던 생착률이 96%로 올랐다면서, 큰 걱정은 덜었으나 앞으로 더 지켜보자고 조심스럽게 말했다. 비록 100%는 아니었지만 '암'이 다시 올지 모르는 공포로부터는 한숨 돌리는 순간이었다.

불안한 마음은 아이의 웃음과 따스한 온기로 다스릴 것

지금 돌이켜 보니 그 시간을 어떻게 보냈는지 아득하기만 하다. 미래가 불길하리라는 염려가 떠오르면 눈과 생각이 온통 '불길함'으로 모였다. 그럴 때 나는 아이의 웃음을 보는 대신 아이의 숨소리를 셌고, 아이와 다정한 시간을 보내는 대신 나를 안심시켜 줄 정보를 검색했다. 그래서 안심할 수 있었느냐면 그렇지도 않았다. 오히려 그 과정에서 나의 영혼과 일상은 피폐해졌다. "이거 먹지 마라", "이거 먹어라", "일찍 자라", "너무 놀지 마라", "깨끗이 씻어라", "찬바람 쐬지 마라", "눈 자주 깜박여라", "어디 아프니?", "눈이 더 안 보이는 건 아니니?", "숨 쉬는 건 괜찮니?"… 반복되는 질문과 잔소리는 하는 사람도, 듣는 사람도 힘이 빠지게 했다. 아이는 짜증을 냈고, 불안에 사로잡힐 때마다 관계는 악화됐다.

'걱정해서 걱정이 없어지면 걱정이 없겠네'라는 티벳 속담이 있다. 정말 그랬다. 걱정과 불안은 지금 사는 데도, 미래를 계획하는 데도 아무런 도움이 되지 않았다. 나는 불길한 생각이 올라올 때마다 그 생각이 빨리 없어지라고 머리를 흔들었다. 그리고 '지금 여기'로 돌아왔다.

'지금 여기'로 돌아와 아이를 바라보면 아이는 늘 웃고 있었다. 개그 프로그램을 보면서도 웃고, 오목을 두면서도 웃고, 맛있는 걸 먹으면서도 웃었다. 그럼 나도 아이를 따라 웃게 되었다. 내가 아이와 눈 맞추며 함께 깔깔대면 '지금 내가 살아 있는 아이와 같이 웃고 있다'는 사실이 새삼 찡할 정도로 감사하게 느껴졌다. 나도 모르게 아이의 숨소리를 세고 있다는 걸 알아차리면 얼른 아이의 몸에 코를 묻었다. 보들보들한 감촉, 따뜻한 온기, 쌕쌕거리는 숨소리, 엄마인 나만 알 수 있는 아이의 살냄새에 온 감각을 맡기고 있노라면 불안함에서 빠져나와 '지금 여기'에 집중할 수 있었다.

불안에 빠지면 지금 가지고 있는 것이 잘 보이지 않는다. 지금 가진 것만으로 누릴 수 있는 충분한 자유가 실감이 나지 않는다. 그러나 우리는 맛있는 밥을 먹을 자유도, 아름다운 자연에서 뛰놀 자유도, 서로 눈 맞추고 웃을 자유도, 서로를 따뜻하게 안을 자유도 있다. 엄마들의 불안은 숙명이라지만, 벗어날 방법이 분명히 있다.

07

—

남들의 인정과 칭찬으로부터 엄마가 먼저 자유로워진다

아이에게 처음 종양이 생긴 부위는 뇌하수체 근처였다. 뇌하수체는 성호르몬, 부신피질호르몬, 성장호르몬 등 각종 호르몬의 분비를 총괄하는 곳이다. 그 근처에 종양이 생겼고, 그걸 없애기 위해서 방사선 치료를 스물네 번이나 받았다. 종양, 방사선, 항암 치료 이후에 뇌하수체가 제 기능을 할 수 있을지 걱정이었다. 항암 치료가 끝나고 1년이 지났을 때 호르몬이 잘 나오고 있는지를 검사했더니 아니나 다를까, 갑상선호르몬과 성장호르몬이 평균 수치의 10분의 1 수준인 것으로 나왔다. 갑상선호르몬이 부족하면 쉽게 피곤하고, 피부가 거칠해지고, 잘 자라지 못한다. 다행히 갑상선호르몬은 알약으로 섭취할 수 있었다. 처음에는 '평생' 먹어야 한다는 점이 부담스러웠다. 하지만 의사는 약으로 보충할 수 있으니 얼마나 다행이냐며 하루도 건너뛰지 말고 정성스럽게 챙겨 먹으라고 했다.

문제는 성장호르몬이었다. 초등학교 3학년 때 아이의 키는 126cm였다. 이대로 자라면 최종 키가 140cm를 넘지 못할 거라고 말했다. 의사는 성장호르몬 주사를 맞으라고 권했다. 뇌하수체 기능 부전으로 인한 성장호르몬 결핍증이므로 보험이 적용되어 10분의 1 수준의 비용만 내면 된다고 했다. 성장호르몬이 부족하면 단지 키가 덜 크는 데 그치지 않고, 노화가 빨리 진행되거나 장기가 튼튼하게 자라기 어렵기 때문에 아이의 면역을 지키기 위해서라도 맞는 게 좋다고 했다.

그러나 나는 성장호르몬 주사를 쉽게 결정하지 못했다. 매일매일 팔, 허벅지, 엉덩이, 복부 등을 돌아가면서 주사를 맞는 게 번거롭기도 하고, 병원 치료가 끝났는데도 주삿바늘에 몸을 내주어야 하는 아이가 안타깝기도 했지만, 가장 큰 이유는 암세포의 성장을 촉진할지도 모른다는 걱정 때문이었다. 의사는 그럴 확률은 매우 드물며 성장호르몬으로 암이 재발하지는 않을 거라고 했다.

아이는 최종 키가 130cm대가 될 것이라는 말을 듣고 "그 키로 살 수는 없어"라고 단호하게 말했다. 호르몬 주사를 맞을 때 생기는 번거로움과 통증을 모두 감수하겠다고 했다. 아이는 항암 종결 1년 후 4학년이 되면서 성장호르몬 주사를 맞기 시작했다. 나는 여행을 갈 때는 아이스백에 주사와 약을 챙겨 갔고, 아이가 캠프라도 가면 저녁에 따로 가서 주사를 놓고 돌아오기도 했다. 그 덕분에 아이는 또래에서 약간 작은 수준으로 자라났고, 아이와 나는 항암 치료를 하는 1년 동안 1cm도 자라지 않았던 걸 생각하며 '이게 어디냐'고 감지덕지했다.

나는 왜 그렇게 아이의 키에 목숨을 걸었을까?

암이 재발한 건 성장호르몬을 2년 동안 꾸준히 맞은 후였다. 당연히 '성장호르몬 때문인가?'라는 의문과 죄책감이 생겼다. 의사는 전혀 관련이 없다고 일축했다. 하지만 아니라는 증거 또한 없었다. 재발이 확인되면서 성장호르몬 주사를 중단했다. 상식적으로 생각해도 세포 말단의 분열을 활발하게 만드는 성장호르몬은 자칫 암세포를 키울 수 있었다.

아이는 1년 동안 강한 항암과 조혈모세포 이식 등을 거치면서도 5cm 정도 키가 자랐다. 신기하고 고마운 일이었다. 사춘기를 앞둔 급성장기였기 때문일 것이다. 그러나 집으로 돌아와 이식 후유증이 회복되고 숙주 반응이 가라앉기를 기다리는 2년여 동안, 성장은 1년에 1cm에 그쳤다. 친구들은 사춘기를 맞아 1년에 10cm 이상 자라났고, 드디어 키 차이가 눈에 띄기 시작했다. 우리 아이는 중학교 3학년이 되었는데도 키가 148cm였다. 누가 봐도 초등학생이었다. 아이 친구들은 170cm에 가까워졌으며, 성인이라고 해도 어색하지 않았다.

정기검진에서는 여전히 성장호르몬 수치가 낮게 나왔다. 갈 때마다 키를 쟀고, 걱정하고 실망하는 우리에게 내분비과 의사는 앞으로 키가 크기는 어려울 것이며, 성장호르몬 치료를 한다 해도 2년 정도만 효과를 볼 것이라고 했다.

키를 자라게 하기 위해 조치를 취하려 한다면 지금이 마지막 기회였다. '키'를 위해 최선을 다해야 할까? 아이도 나도 갈팡질팡했다. 성장호르몬을 맞지 않고도 키가 클 수 있다면 얼마나 좋을까. 우리가 원하는 것은 남보다 더 '폼 날 만한' 키가 아니지 않은가. 더도 말고 160cm까지만 크면 '좀 작은 사람'으로 살 텐데, 남자가 150cm도 안 된다니 누가 보더라도 안타까운 상황이 아닌가. 우리가 어떤 결정도 내리지 못하고 망설이자 내분비과에서는 우리 아이에게 성장호르몬 치료를 해도 되는지를 소아혈액종양과에 물어보겠다고 했다. 돌아온 답은 '안 맞는 게 좋겠다'는 것. 어떤 결과가 나와도 우리가 책임지겠다고 말하면 성장호르몬 주사를 맞을 수도 있었겠지만, 나는 잠시 멈췄다. 그리고 '왜 키가 우리를 이리 불안하게 만드는가?'를 생각했다. '큰 키'는 사람의 삶에 무엇을 의미하는가?

남들의 인정과 칭찬에 목숨 거는 한,
영원히 '나의 부족함'을 안고 살아가야 한다

항암 치료를 받을 때, 이식을 하러 무균실에 들어갔을 때, '키'는 단 한순간도 고려할 만한 사항이 아니었다. 사느냐 죽느냐, 보이느냐 안 보이느냐, 숨 쉴 수 있느냐 없느냐는 늘 칼끝에 선 듯한 아슬아슬함을 주는 질문이었으나, '키가 클 것인가, 안 클 것인가'는 마지막 순위의 문제였다. 그런데 왜 이제 와서 '키'가 주요 문제가 된 걸까? 그만큼 질병과 죽음의 경계에서 벗어났다는 반증이기도 했을 텐데, 하필이면 왜 '남들보다 못 크는 키'가 주는 불안을 살아 있다는 증거로 채택했는가?

대한민국에서 남자로 살면서 '큰 키'를 욕망하는 것, '적당한 키'를 바라는 것은 무엇을 의미하는 걸까? 시력은 잃음과 동시에 생활 곳곳에서 불편함이 생겼다. 눈앞에 놓인 반찬이 무엇인지 알 수 없었고, 내리막길은 지팡이 없이 걸을 수 없었다. 그런데 이놈의 '큰 키'를 잃었을 때 생활이 어떻게 불편해지는지를 꼽아 보니, 세상에나, 아무것도 없었다. 키의 효용은 100% '남이 보기에 좋은 것'뿐이었다.

병원에서는 암의 후유증, 항암 치료의 후유증으로 장애가 생긴 아이를 드물지 않게 만났다. 특히 뇌종양으로 고생하는 아이들은 휠체어를 타고 다니거나, 다리를 절거나, 시력을 잃어서 더 고생했다. 강력한 방사선 치료로 머리카락이 영영 나지 않아 20대에 대머리가 된 아이도, 피부가 하얗게 되는 백반증으로 대인 관계를 어려워하는 아이도 있었다.

거기에 대면 '작은 키'는 문제로 삼는 것조차 부끄러운 일이었다. 키가 아무리 커도 휠체어를 타고 다니면 작은 키로 살아야 했다. 사는 데 필요한 것을 다 가지고 있으면서도 수천만 원이 넘는 명품 가방이나 보석을 욕심내는 마음과 큰 키, 예쁜 외모를 바라는 마음이 본질적으로 다르지 않았다. 오로지 '남들보다 더 낫다'는 인정과 칭찬을 '남들이' 해 주길 바라는 욕심이었다. 그러나 남들이 박수 치는 일회성 인정을 바라는 일에 끝이 있던가. 나 외의 모든 사람이 나를 칭찬하고 인정하는 것은 불가능하다. 남들의 인정과 찬탄을 바랄수록 우리는 영원히 '나의 부족함'을 안고 살아가야 한다. 이런 밑지는 장사판에 들어갈 이유가 없었다.

'큰 키'가 아무 데도 쓸 일이 없다는 걸 명명백백하게 깨닫자, 아이의 작은 키는 순식간에 행복과 불행을 좌지우지했던 지위를 잃어버렸다. 키는 비록 작지만, 걷고 뛰는 데 문제가 없는 두 다리를 가진 게 얼마나 다행이고 감사한 일인가. 항암제 부작용으로 근육이 소실되어 설 수도 없을 때 침대에 누워 있던 아이의 소변을 받아 내던 날에 비하면, 지금 아이가 스스로 화장실에 가서 볼일을 혼자 처리할 수 있다는 것이 얼마나 대단한 기적인가. 그런데도 그깟 키가 남들만큼 안 큰다고 걱정하고 불안해 하다니.

엄마가 먼저 남의 시선에서
자유로워져야 한다

프랑스의 정신분석학자 자크 라캉은 '인간은 타인의 욕망을 욕망한다'라고 했다. '내가 이걸 왜 원하지?'라고 스스로에게 전혀 물어

보지 않은 채 하나같이 '큰 키'와 '늘씬한 몸', '예쁜 얼굴'을 열망하는 것은 우리를 둘러싼 각종 미디어가 그것이 멋지고 좋다고 세뇌하듯 반복하기 때문이다. 요즘은 외모 칭찬이야말로 최고의 찬사로 통한다. 우리는 미디어에 나오는 사람들과 조금도 비슷하지 않은 자신의 모습을 늘 못마땅해 한다. 그래서 끊임없이 다이어트를 하고, 피부 관리를 받고, 성형을 한다. 그러나 기준이 바깥에 있으므로 이런 노력은 결코 끝나지 않는다. 세상의 기준이 높아지면 그만큼 더 노력해야 하기 때문이다.

어쩌면 엄마들이 아이를 위해 한다는 대부분의 일이 '큰 키'에 대한 열망처럼 세상의 기준에 계속 아이를 맞추려는 일인지도 모른다. 우리나라는 특히 여자에게 '~답게 행동하라'라는 요구가 가혹하며, 여자들이 할 일과 하지 말아야 할 일을 비교적 명확하게 정해 놓은 사회다. 이런 분위기 속에서 자존감을 지키기란 쉽지 않다. 즉 엄마들에겐 사회가 정해 놓은 기준에 자신을 맞추는 것이 체화되어 있어, 자기도 모르게 남의 시선을 우선으로 두곤 한다. 그 밑에서 자란 아이는 엄마와 똑같이 바깥의 기준, 남의 시선에 따라 살려고 하고, 항상 자신이 어떤지를 점검하며, 뭔가가 어긋난 것 같으면 불안감을 느낀다.

그러므로 여기서 벗어나려면 엄마가 먼저 남의 시선에서 자유로워져야 한다. 여자로 살 때는 쉽지 않았어도, 엄마로 살 때는 가능하다. '무엇이 아이를 살리는 일인가?'라고 물으면 되기 때문이다.

스무 살이 된 지금, 아이의 키는 여전히 150cm가 되지 않는다. 처음 만난 사람에게 아이가 나이를 밝히면 상대방은 자기도 모르게 곤혹스런 표정을 짓는다. '아이고, 저렇게 키가 작아서 어쩌나…' 하는 안타까운 마음의 소리가 표정과 분위기로 풍겨 난다. 다행히도(?) 아이는 사람의 표정을 잘 보지 못해 키 때문에 주눅 들거나 위축되는 일은 없다. 지금 아이와 나에게 '작은 키'는 사이즈에 맞는 옷을 사기가 조금 어렵다는 것 외에는 별로 고민거리가 되지 않는다. 그게 가능했던 이유는 엄마인 내가 '큰 키'에 대한 욕망에서 먼저 벗어났기 때문이라고 나는 믿는다. 아마 아이에게 "이렇게 작아서 어쩌니?", "키 높이 운동화를 신을까?" 하면서 전전긍긍하고 한탄했다면, 우리는 죽음의 문턱에서 살아왔다는 것도 잊은 채 '작은 키' 때문에 불행한 삶을 살고 있지 않을까.

08

잘못된 일에 대해선 결코 좋게좋게 넘어가지 않는다

큰아이가 중학교 1학년 때의 일이다. 그때 아이는 그 지난해에 받은 조혈모세포 이식술의 후유증에 시달리고 있어서, 학교에 일주일에 2~3일밖에 나가지 못했다. 그저 무사히 학교에 가서 별일 없이 수업을 듣고, 무사히 급식 먹고, 집에 오면 그 이상 바랄 게 없던 때였다. 시험이니 행사니 하는 학교 일정보다 아이의 컨디션이 더 중요했다.

하루는 학부모 공개수업을 진행한다는 가정통신문이 나왔다. 장학사도 와서 본다고 했던가. 망설이다가 가지 않기로 했다. 몸이 건강한 비장애 아이들을 보게 되면 부러울 것 같아서였다. 얼토당토않은 욕심이 날지도 몰랐다. 섣부른 바깥바람에 아이나 나나 속절없이 흔들릴 수도 있던 때였다.

집에 돌아온 아이에게 공개수업은 어땠냐고 무심한 척 물었다. 아이는 특수반에 가 있었다고 했다. 시각장애 3급에 건강 장애로 인한 특수교육 대상자로 배치받았지만, 늘 완전히 통합해서 공부한 아이였다. 통합에 문제가 없었고, 한 번도 특수학급에서 수업을 받은 적이 없었다. 눈이 저절로 동그래졌다.

"왜?"

"몰라. 선생님이 가래. 공개수업 연습 안 했다고."

"가서 뭐했어?"

"그냥 구석 자리에 멍하니 앉아있었어."

"그럼 다른 그 반 아이들은?"

"그 애들은 공개수업했어."

도대체 무슨 말인지 알 수가 없어서 몇 번이고 되물은 끝에 알아낸 진상은 이랬다.

자신이 폭력을 저지르는지도 모르는 위험한 사람들

공개수업은 장학사도 와서 보는 중요한(?) 수업이었던 모양이다. 수업 공개를 위해 교사는 아이들에게 몇 번에 걸쳐 '모종의' 연습을 시켰는데, 우리 아이가 꾸준히 등교하지 않은 탓에 교사가 원하는 대로 움직이지 않은 모양이었다. 그 선생은 수업 공개 전에 우리 아이를 특수학급에 보내겠다고 했다. 담임교사와 특수교사가 그러면 안 된다고 말했지만, 아마 교무주임이라는 직권으로 강행했던 것 같고, 아이는 영문도 모른 채 특수학급에 가 있게 되었다. 그런데 특수학급도 그 시간이 공개수업이었던 터라, 아이는 공개수업을 하는 특수학급의 교실 구석에서 아무 할 일도 없이, 마치 그 학교에 존재하지 않는 학생인 것처럼 '방치'되어 있었던 것이다.

피가 거꾸로 솟는다는 것이 어떤 건지를 그때 알았다. 그러니까 불가피해서가 아니라, 의도적이고 악의적으로 아이를 '배제'한 것이었다. 그 목적은 자신의 수업을 장학사 앞에서 돋보이게 하기 위해서였고, 궁극적인 목적은 승진에 있었을 것이다. 누가 봐도 병색이 완연하고, 눈도 나빠 느리고 답답해 보이는 데다, 마침 특수교육 대상자니 그 반으로 보내도 명분이 있다고 생각했을까?

밤새 끓어오르는 화를 감당하며 장애인차별금지법, 특수교육법을 들여다보고 중요 항목에 형광펜으로 줄을 그어 다음 날 교장을 찾아갔다. 마음속으로 화내지 말자, 울지 말자 다짐했지만, 말하는 동안 격앙되는 어조와 울분은 숨길 수 없었다. 교장은 그 교사를 불러 사죄를 하게 하는 모양새를 취했다. 그런데 그 교사는 '도대체 이게 무슨 얼토당토않은 해프닝?'이라는 표정으로 "저는 그냥 아이가 힘들어할까 봐 그랬습니다"라고 말했다. '내가 무슨 잘못을?'이라는 뉘앙스를 가득 담은 그 표정을 아직도 잊을 수가 없다.

"아이가 자기 입으로 힘들다고 했나요? 아이에게 힘드냐고 물어보셨나요? 아니면 부모인 저한테라도 물어보셨나요?"라고 반문했지만, 그 교사는 "저는 아이가 힘들 줄 알고… 속상하시다니 죄송하네요"라고만 했다. 자신이 어떤 일을 벌였는지 알지 못해서, 무지해서 '해맑은' 얼굴이었다. 그 교사는 나의 말을 예민한 학부모의 개인적인 불만으로 듣고 있었다.

"선생님이 하신 행동, 장애인차별금지법 위반이라는 건 아세요? 벌금 3천만 원이란 거 아세요?"

"그게 그런 겁니까? 제가 거기까지는 알지 못했네요. 이거 죄송해서 어쩌죠?"

말은 죄송하다고 했지만, 표정은 전혀 심각하지 않았고, '별거 아니고 귀찮은 일'이라는 태도가 역력했다. 몰라도 되는 사람, 몰라도 되는 위치에 있는 사람의 '무지'는 폭력이 될 수 있다는 걸 처음으로 알았다.

좋은 게 좋은 게 아니라는 걸,
나쁜 건 나쁘다는 걸 그때 분명히 말했어야 했다

며칠 뒤, 그 교사를 다시 만났다. 도저히 그대로 넘어갈 수 없었다. 가슴과 머리가 폭발할 것 같았다. 할 수 있는 모든 법적인 절차를 밟고 싶었지만, 난 병든 새끼를 품고 있는 어미 닭이었다. 도둑고양이와 싸우자고 둥지를 떠날 수는 없다고 생각했다. 내 안에서 납득할 만한 타협안을 마련했다. 그 교사에게 특수교육 연수를 받으라고 했다. 민원을 넣을 수도 있는데, 그러지 않겠다고, 대신 앞으로 교감이 되고 교장이 될 테니 꼭 특수교육 연수를 받고, 받았다는 사실을 알 수 있게 해 달라고 했다. 그 교사는 웃으면서 연수받은 다음에 사진을 찍어서 보내 주겠다고 했다.

이듬해 다른 학교로 간 그 교사에게선 이후 아무런 연락도 오지 않았다. 그리고 나는 그때 일이 떠오르거나, 내가 가르치는 발달 장애 아이들이 소풍날 오지 말아 달라고 학교에서 이야기를 들었다거나, 아이가 배제되고서도 민폐를 끼쳤다고 전전긍긍하는 부모들을 만나거나, 학교 갈 나이가 된 발달 장애아 부모들이 아이가 받아들여질지 걱정하는 모습을 볼 때마다 그때 일을 후회한다.

그때 분명히 잘잘못을 가리고 책임을 지도록 민원을 넣거나 법적인 절차를 밟았어야 했다. '차별 금지'에 대해 정확히 알고 있는 내가 그 일을 했어야 했다. 갈등을 두려워하지 말았어야 했다. 혹시 다른 교사나 다른 학부모에게 누가 될까 봐, 내 아이가 피해를 받을까 봐 움츠러들지 말았어야 했다. 좋은 게 좋은 게 아니라는 걸, 나쁜 건 나쁘다는 걸 말했어야 했다.

엄마는 더 나은 세상을
만드는 사람이다

'화를 내고 싸우는 일'과 '내가 중요하게 여기는 가치를 말하는 일' 사이에는 분명한 차이가 있다. 엄마들은 공적인 자리에서 말해 본 경험이 적어서 '중요하게 여기는 가치'를 말할 때도 갈등을 일으키는 일이라 생각해 머뭇거린다. 여기에는 '잘못 보였다가 우리 아이만 손해가 나면 어쩌지?'라는 약자의 피해의식도 숨어 있다. 그러나 엄마는 내 아이가 더 나은 세상에서 살 수 있도록 힘쓰는 사람이다. 비록 사회에서 아이와 여자는 약자고, 사회가 아이와 여자를 가르치고, 보호하고, 교육하는 대상으로 바라볼 뿐, 당당한 의견을 가진 주체로 보지 않더라도, 더 나은 세상을 만들려는 노력을 멈춰서는 안 된다.

만약 내가 다시 그때로 돌아간다면 분명하게 말할 것이다. 그리고 말하기 전에 나와 같은 생각을 가진 엄마들과 연대할 것이다. 그리고 나서 내가 살고 싶은 세상은 인간의 능력과 조건을 넘어서 서로가 존중하는 세상이라고, 서로의 선의를 믿는 세상이라고, 교사라는 자리에 있으려면 가장 여린 영혼에 대한 존중을 갖춰야 한다고, 그럴 수 없다면 그 자리에 있어서는 안 된다고 분명히 말하고 적합성을 가릴 것이다. 내가 엄마가 된 의미가 바로 그것이니까.

09 아이가 오롯이 짊어져야 할 삶의 숙제들을 함부로 들어주지 않는다

엄마로서 가장 힘든 순간은 아이가 고통에 빠져 있는 모습을 볼 때다. 당장 달려가서 구해 주고 싶지만 그럴 수 없는 순간은 기어코 찾아온다. 어쩌면 엄마는 아이의 고통을 해결해 주는 사람이 아니라, 아이가 스스로 고통을 겪고 나올 때까지 흔들리지 않고 아이의 곁을 지키는 사람이다.

누구에게나 타인이 어찌지 못하는 자기만의 고통과 슬픔이 있다

아이가 학교 엠티에서 돌아오는 길에 전화를 했다. 날이 춥고 몸도 아프니 데리러 오라고 했다. 학교에서 집까지는 오르막이긴 하지만 넉넉잡아 20분이면 걸어올 수 있는 거리다. 날씨가 쌀쌀하긴 해도 오르막길을 걷다 보면 몸이 달아오를 것이다.

"그냥 걸어와."

"엄마, 너무 춥고 힘들어. 좀 데리러 오면 안 돼?"

어리광이다. 작은 어려움도 귀찮아하는구나. 그동안 엄마인 내가 불편함을 쉽게 처리해 줘서일까? 이러다 아이가 자기 인생에 책임지지 않는 습성을 가지면 어쩌지? 벌써 열여덟 살. 엄마가 뒤치다꺼리 하면서 따라다닐 나이는 아니지 않은가.

"그 정도는 걸어 다니자. 엄마 지금 하는 일이 있어서 좀 바빠."

"그게 아니라 좀 다쳤다고. 농구하다가 넘어져서 멍도 들고 입술도 찢어져서 부었단 말이야."

아, 다쳤다고. 그래, 다쳤다는 말이지.

눈으로 보지 않았고, 내가 직접 당한 일이 아니니 얼마나 아픈지는 알 수 없는 노릇. 아무리 바빠도 아플 때 도움을 청하는 사람에게는 무조건 응답해야 한다. 하물며 내 아이가 불렀음에랴.

"알았어. 금방 갈게."

얼른 옷을 차려입고 휑 데리러 나갔다. 그런데 만나기로 한 학교 강당에 아이가 보이지 않는다. 허둥지둥 나오느라 핸드폰도 가지고 오지 않았다.

"애들아. 현서 못 봤니? 강당에 있겠다고 했는데."

"아, 방금 선생님이 데려다주신다고 선생님 차를 타고 올라갔어요."

갑자기 화가 솟았다. 지금 엄마를 놀리는 거야? 사람을 자기 편한 대로 이용하나? 콧김이 뜨겁게 느껴졌다. 집에 와 보니 아이가 소파에 앉아 있었다. 재빨리 아래위를 살펴보니 그리 아파 보이지 않았다. 내 그럴 줄 알았지.

"너 지금 뭐하는 거야? 엄마를 오라고 했으면 선생님이 태워 준다고 해도 '엄마가 오시기로 했어요' 하고 기다려야 될 거 아냐? 너 아프다고 상대방 생각 이렇게 안 해도 되는 거야? 그리고, 엄마한테 전화하기 전에 선생님께 데려다주실 수 있는지 확인한 다음에 엄마한테 전화했어야지. 엄마가 너 전화하면 바로 움직이는 5분 대기조야?"

한바탕 쏟아붓고 나니 그제야 얼빠진 아이 표정이 눈에 들어왔다.

"그래, 얼마나 아파? 너 이제 병 생긴 지 5년 지났거든. 이제 엄살 그만 피워도 되거든."

아차, 여기까지 갈 필요는 없는데. 서로 이런 얘기는 하지 말자고 약속하지는 않았으나, 서로 넘지 않았던 선. 그 선을 넘었다.

아이는 표정 없이 내 얼굴을 보다가 가라앉은 목소리로 "죄송합니다" 하고 방으로 들어가 버렸다. 조용히 닫히는 문소리가 돌이 되어 가슴에 얹혔다.

또 내 기분, 내 사정만 생각하고 화를 냈구나. 다른 선택을 할 수는 없었을까? 아이 마음은 지금 어떨까? 마음이 엉킨 실타래처럼 복잡했다.

고통과 슬픔이
인생에서 빛나는 순간

한 시간 후 아이의 방문을 열었다. 사과를 할지, 아니면 다시 화에 휩싸일지 모르는 채였다. 어두컴컴한 방에서 이불을 뒤집어쓰고 자던 아이는 문소리에 부스스 몸을 일으켰다.

"어젯밤에 제대로 못 잤어?"

"어."

"아까는 왜 그랬던 거야?"

많은 것을 포함한 '왜'였다. 왜 선생님께 부탁도 안 해 보고 엄마를 먼저 불렀는지, 불러 놓고 왜 선생님 차를 타고 먼저 올라가 버렸는지, 왜 아무 말도 안 하고 방으로 들어갔는지….

아이는 한참 말을 않다가 무겁게 입을 뗐다.

"농구를 했다고. 근데 자꾸 부딪혔어. 넘어져서 무릎도 까지고 입술도 부르터서 아팠다고."

떨리는 목소리에 울음이 묻어났다.

그러나 당연한 일이다. 농구라는 운동이 원래 그렇지 않은가. 골을 넣기 위해서는 상대방이 잡은 공을 가로채야 하고, 그러기 위해서는 몸을 던져야 하는 격렬한 운동.

"너만 그랬겠어? 다들 힘들었겠지. 그런 거 감수하고 하는 거지. 재미있고, 또 하고 싶으니까 하는 거 아니야? 아프기 싫으면 하지 말아야지."

짐짓 냉정하게 던진 말에 기어코 아이에게서 울음이 터져 나왔다. 꺽꺽. 아이는 어깨를 들썩이며 낮고 깊은 소리를 연거푸 토해 냈다. 뱃속에서 시작되어 폐부를 훑고 나오는 두꺼운 울음이었다. 내가 모르는 무언가가 또 있나?

울음이 잦아들 무렵, 엄마가 조심스러워한다는 사실이 전해지기를 바라며 작게 물었다.

"…왜 울어? 무슨 다른 일 있었어?"

"엄마, 나도 왜 눈물이 나는지 모르겠어. 근데 눈물이 나. 엄마, 나는 농구가 재미있고 하고 싶어. 근데 잘 안 보여. 잘 안 보이니까 더 많이 다쳐. 난 조금만 부딪혀도 남들보다 더 아프잖아. 근데 다치면 안 되잖아. 난 왜 하고 싶은 걸 하면 안 되는 몸이 된 거야? 내가 몸만 안 아팠으면 마음대로 움직일 수 있었을 거 아냐. 나 진짜 잘할 수 있는데, 진짜 하고 싶은 대로 하고 싶은데, 진짜, 진짜, 억울하다고…."

아이는 울음 사이로 한마디씩 토해 냈다. 아이의 울음이 진동이 되어 내 가슴을 뱄고, 그 골 사이로 보이지 않는 눈물이 흘렀다.

아홉 살에 암에 걸려서 시력의 많은 부분을 잃은 아이. 몸이 회복될 즈음 다시 백혈병에 걸려 골수를 이식받는 지독스런 투병 과정을 겪은 아이. 죽음의 문턱까지 갔다가 살아났으나 몇 년이 지나도 또래 수준의 체력과 키, 몇 가지 감각은 돌아오지 않았으니, 공부를 잘해서 뽐내고 싶은 욕심도, 축구장에서 마음껏 공을 차고 싶은 욕심도 접어야 했던 아이. 그렇게 하나둘 잃어 가면서도 기를 쓰고 삶의 재미를 찾아냈던 아이. 아이는 때론 모래밭에서 바늘 찾기가 아닌가 싶어 보여도 포기하지 않았다. 작은 일에 크게 웃었고, 무엇이든 해 보겠다고 손을 들었다.

그랬던 아이가 지금 '억울하다'고 말하고 있었다.

'억울하다.'

나야말로 얼마나 곱씹은 말이었던가. 아이가 병이 나기 두 달 전에 바둑 대회에 참가한 일이 있다. 그때 찍은 사진을 아직도 기억한다. 까맣고 숱 많은 머리, 바둑알을 잡은 야무진 손끝. 바둑판을 바라보는 또렷한 눈동자를 가진 여덟 살의 빛나는 영혼이 거기에 있었다. 전화를 받다가, 쓰레기를 버리러 가다가, 빨래를 널다가, 문득 책장 한 켠에 비스듬히 기대어 있는 그 사진을 볼 때면 어김없이 울컥 눈물이 나왔다. 좋은 줄 모르고 지났던, 늘 계속될 것 같던 일상의 장면들이 한 번에 손가락 사이로 스르륵 빠져나갔던 순간이 떠올랐다. 그 후로 내가 세워 둔 인생 계획표 따위는 눈길 한 번 못 받고 길바닥에 내팽개쳐진 할인마트 전단지가 되어 각종 신발 자국이 선명하게 찍힌 채 너덜거렸지만, 그런 것은 아무래도 좋았다. 28개월 된 작은아이의 오동통한 팔을 더 만지지 못하고 병원에 들어가게 된 것, 검은 머리카락을 펄럭거리며 축구장 이쪽 끝에서 저쪽 끝까지 공을 몰고 가는 날렵한 꼬마를 더 못 보게 된 것, 아무런 걱정도 불안도 없이 내년 여름 가족 여행을 계획하는 일이 불가능해진 것, 누구에게나 무한대로 주어진 것 같은 일상의 소소한 풍경을 누리지 못하게 된 것. 나는 그게 억울하고 억울했다.

아이는 쉽게 울음을 멈추지 못하고 있었다. 아이는 균열 위에 서 있었다. 희망과 절망, 이상과 현실, 보이는 것과 보이지 않는 것, 멈춤과 나아감, 몸과 마음, 두려움과 설렘 사이의 균열. 그것은 날카롭고 위태로웠으나 오롯이 이 아이 스스로 직면해야 하는, 피할 수 없는 칼날이었다. 아이의 투병 기간 동안 엄마인 내가 서 있던 그 칼날 위에 이제 아이가 선 것이다. 매 순간 깨어 있지 않으면 순식간에 '왜 나만'이라는 드라마의 비극적인 주인공이 되어 스스로를 베어 버리는 그 자리. 나는 내가 할 수 있는 일이 아무것도 없다는 걸 알았다. 쉬운 위로도, 섣부른 해결책도 아이에게 가닿을 리 만무했다.

나는 조용히 문을 닫고 나왔다. 아마 아이는 듣지 못했을 것이다. 엄마 역시 그 자리에 섰으나 너의 운명과 나의 운명은 다르다고, 부디 삶이 끝나는 날까지 균열에 대한 감각을 잃지 말라고, 그 균열의 고통이 네 삶의 주제이자 운명이 될 것이라고, 그것이 네가 끝까지 가지고 가야 할 '삶의 감각'이라고, 너는 그 고통과 장애를 끌어안고 활짝 피어날 거라고. 그리고 아닌 척, 괜찮은 척하지 않고 솔직하게 울어 줘서 정말 고맙다고, 부디 앞으로도 눈물을 아끼지 말라고, 들릴 듯 말 듯 나직이 중얼거리는 엄마의 소리를.

두세 시간 후, 아이는 "아, 잘 잤다" 하고 아무렇지 않은 듯 기지개를 켜며 방에서 나왔다.

"잘 잤니?"

"응. 이제 좀 살 것 같네."

"밥 먹자."

"응. 아 배고파."

저녁상에는 방금 끓인 된장찌개가 보글보글 소리를 내고 있었고, 어느덧 어두워진 지리산 하늘에는 별과 달이 예정된 바로 그 자리에서 빛나고 있었다.

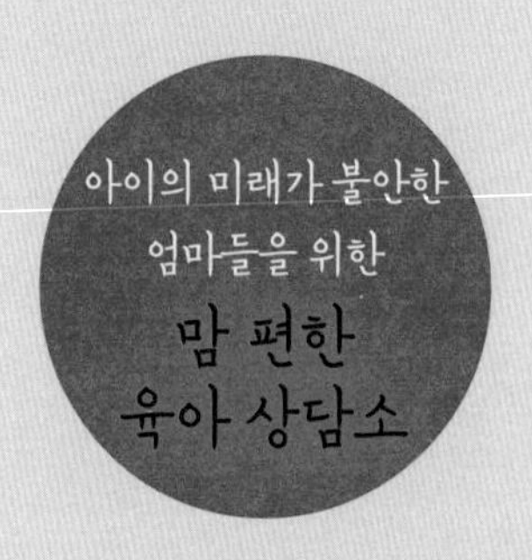

1. 육아에 확신이 없고 자꾸 불안하다면

'더 좋은 엄마가 되고 싶은 거구나' 하고 자신을 위로하세요

엄마들은 불안을 먹고 살지만, 엄마의 불안 덕분에 아이는 성장하기도 합니다. 현재에 만족하지 않고 더 좋은 방법을 찾도록 만들거든요. 불안은 잘해 보고 싶은 마음의 표현이고, 우리를 앞으로 나아가게 하는 추동력입니다. 하지만 그 불안한 마음이 정도를 넘어서서 매 순간 아이와 엄마를 옥죈다면 문제입니다. 그럴 때는 잠깐 멈추고 엄마 자신의 마음을 알아주세요. '더 좋은 엄마가 되고 싶구나', '어떻게든 잘해 보고 싶은 거구나' 하고 말하면서 가슴을 토닥이면 안절부절했던 성마른 마음이 서서히 가라앉습니다. 그러고 나면 더 좋은 방법이 떠오를지도 모릅니다. 선택지가 많아질수록 우리는 더 안심이 되고 자유로워집니다.

세상과 교류를 잠시 끊고 아이와 머무세요

아무리 혼자서 마음의 중심을 잡는다고 해도 세상으로부터 주어지는 자극이 강하면 또 쉽게 흔들립니다. 이웃의 사생활을 볼 수 있는 채널은 갈수록 많아집니다. TV보다 강력한 미디어인 스마트폰은 거의 실시간으로 다른 사람의 생활과 주장을 접하게 합니다. 이 정도면 잘하는 줄 알았는데, 더 잘하는 아이를 보니 우리 아이가 제대로 못하는 것 같아 불안해집니다. 지금까지 별 불편함이 없었는데 새로운 제품, 새로운 프로그램이 나온 걸 보니 나도 하나 장만해야 할 것 같습니다.

'나는 이것도 못하네, 이러다 우리 아이를 잘 못 키우면 어떻게 하지?'라는 마음이 자동적으로 들 때는 의식적으로 세상과의 교류를 잠깐 끊어 보세요. 아이를 잘 키운 엄마들은 말합니다. 엄마가 육아법에 대해 많이 아는 것과 아이가 잘 자라는 것은 크게 관계가 없다고요. 그저 아이 옆에 머무는 것으로 충분합니다.

2. '아이 속은 내가 다 알아'라고 착각하고 있다면

증거를 수집하듯 아이의 행동을 바라보지 마세요

가끔 치료실에 '아이와 관련한 모든 것은 이미 다 알고 있다'는 태도로 찾아오는 엄마들이 있습니다. 아이는 아직 어려서 ADHD나 자폐와 같은 이름으로 진단하기 어려운데도 이미 대학병원을 섭렵해 진단서를 가지고 오지요. 그리고는 특정한 치료를 해 달라고 요청합니다. 하지만 치료실에서 아이는 진단명과 다른 특성을 보이곤 합니다. 사실 병원의 진단서에도 이런 병으로 추정되니 집중적인 치료를 하고 다시 병원에 오라고 쓰여 있습니다. 변화할 가능성을 열어 놓은 거지요.

던지고 때리는 공격적인 행동을 하던 아이가 "엄마 때문에 너무 속상해" 하고 울게 되는 것은 엄청난 성장입니다. 자기감정을 알고 언어로 적절하게 표현하기야말로 어른도 잘 못하는 높은 수준의 사회적 기술이거든요. 하지만 '아이는 내가 다 알아'라고 착각하는 엄마들은 이것 역시 문제 행동으로 바라봅니다. 엄마는 아이의 문제 행동 리스트에 '반항적이다'라는 것을 추가합니다.

내가 아는 것은 아이의 일부분일 뿐이라는 점을 늘 명심하세요

'아이 속은 내가 다 알아'라고 착각하는 엄마들의 아이는 변화하고 성장할 수 없습니다. 아이를 '쟤는 원래 저래'라고 정해 놓은 틀로 바라보니 아이의 모든 행동은 엄마의 판단을 증명하기 위한 증거가 됩니다. 하지만 거꾸로 생각해 보세요. 누가 당신에게 '당신 속은 내가 다 알아'라고 하면 '나를 다 안다니 믿고 의지해야겠다'는 마음이 들던가요? 답답하고 서운하다가 결국 존재 자체를 무시당했다는 생각에 화가 나지 않던가요? 아예 마음의 문을 닫고 상대가 뭐라 하든 신경을 꺼 버리게 되지 않던가요? 아이를 하나의 면으로 고정해서 보는 것은 폭력일 수 있습니다. 인간은 하나의 잣대로 이해될 수 없습니다. '내가 아는 것은 아이의 일부에 불과하다'는 관점이 '아이에 대해선 내가 전문가야'라는 태도보다 아이의 성장과 발전에 훨씬 도움이 된다는 것을 꼭 기억하시기 바랍니다.

3. 아이의 미래가 걱정된다면

잠시 걱정의 근거에 대해 생각해 보세요

"아이가 공부를 못하면 어떡하지?" "벌써 거짓말을 하다니, 이러다가 아이가 잘못 자라면 어쩌지?" 이런 엄마의 걱정 밑바닥에는 '아이가 공부를 잘하면 성공적이고 행복한 삶을 살 것이다' 혹은 '거짓말을 하면 도덕성에 문제가 있는 아이로 자랄 것이다'라는 논리가 숨어 있습니다. 하지만 이 논리가 어디서 비롯되었는지 그 근거를 따져 보세요. 성공과 행복이 꼭 학교 성적과 관련이 있던가요? 평생 거짓말만 하는 사람이 어디 있던가요? 근거가 명확하지 않은 걱정은, 어떤 노력을 기울여도 미래를 완전히 통제할 수 없다는 무력감의 표현이기도 합니다.

엄마의 '지금 삶'을 긍정하세요

걱정은 일상에서 비어 있는 시간을 타고 스며듭니다. 미래에 대한 걱정이 떠오르는 것을 막을 방법은 없습니다. 하지만 비어 있는 시간을 줄일 수는 있습니다. 밖에 나가서 사람을 만나고, 새로운 것을 배우는 등 몸을 움직이고 바쁘게 살면 걱정이 일상에서 자리잡을 공간이 사라집니다. 낙천적이고 긍정적인 아이를 키우기 위해 엄마가 할 수 있는 것은 걱정 없이 지금을 열심히 사는 모습을 아이에게 보여 주는 겁니다. 한부모이건, 가난하건, 전업이건, 워킹맘이건 지금 있는 그 자리의 삶을 최대치로 살아 보세요. 걱정할 시간이 없어서 걱정을 안 하게 되는 날이 올 겁니다.

4. 아이가 너무 느려서 답답하다면

경쟁에 휘말려 있는 건 아닌지 살펴보세요

우리 사회는 경쟁을 부추깁니다. 정상, 표준, 뛰어남의 기준이 획일적이고, 거기에서 벗어나지 않도록 사람을 내몹니다. 학교에서도, TV에서도, 시장에서도, 거리에서도 더 똑똑하고, 더 능력 있고, 더 예쁘고, 더 날씬하고, 더 멋지고, 더 돈이 많은 것이 최고이자 유일한 삶의 목표라고 말합니다. 남들보다 더 똑똑하고 더 멋지고 더 돈이 많은 게 꼭 나쁜 것만은 아닙니다. 하지만 경쟁의 쳇바퀴를 한번 돌게 되면 자기 힘으로 나오기가 참 어렵습니다. 나의 발전을 위해서 열심히 하는 것이 아니라, 그저 쳇바퀴가 돌고 있어서 멈추지 못하고 페달을 밟게 됩니다. 만약 아이의 장점은 안 보이고 단점만 보인다면, 아이가 잘하는 게 하나도 없다고 느낀다면 엄마 자신이 어떤 경쟁 논리에 휘말려 있는 건 아닌지 살펴보고 멈추어야 합니다. 쳇바퀴는 그 안의 다람쥐들이 나가떨어질 때까지 더 빠른 속도로 돌아갑니다. 다람쥐를 보려면 우선 쳇바퀴를 멈추어야 합니다.

기대하는 대신 발견하세요

때로 엄마는 아이에게서 자신의 단점을 보고 있을지 모릅니다. 그것은 엄마의 인생에서 결핍되었거나, 어린 시절에 부모에게 비난받았던 부분입니다. 엄마는 아이가 자신보다 더 잘하기를 기대합니다. 그리고 거기에 못 미치면 '단점'이라는 딱지를 붙입니다. 그러나 아이가 보여 주는 모든 것은 그 아이만의 고유한 특성입니다. 장점도, 단점도 될 수 있습니다. 그것이 '단점'이 되는 것은 엄마의 기대에서 비롯됩니다. 그러니 기대를 내려놓고 '발견'하세요. 아이가 늦은 발달을 보이면 '그 와중에 오늘은 어떤 새로운 걸 했나' 하는 마음으로 무엇이든 발견해 보세요. 저절로 신기함이 스며드는 기쁨을 누리세요.

정말 느린 친구들이 있습니다. 발달 장애 친구들이 그렇습니다. 이들이야말로 거북 중의 거북입니다. 그럴 때 저는 치료실에서 아주 작은 변화를 발견해 주려 애씁니다. 어제 손가락을 세 개 구부렸던 아이가 오늘 네 개 구부렸거나, 어제 2초 눈을 맞추었던 아이가 오늘 3초 맞추었거나 하는 변화를 굳이 찾아내서 엄마에게 말씀드립니다. 늘 아이와 함께 있는 엄마는 변화에 둔감합니다. 그러나 지금 여기에서 조금씩 성장하고 있다는 걸 확인하면 불안과 답답함이 줄어들고, 그 자리에 성장의 기쁨이 들어섭니다.

5. 아이가 아픈 게 내 잘못이라는 죄책감에서 벗어날 수 없다면

죄책감은 별로 도움이 안 됩니다

엄마는 여러 가지 죄책감에 시달립니다. 일하는 엄마는 아이와 함께 있어 주지 못하는 죄책감에, 전업주부 엄마는 유능하지 못하고 경제력이 없다는 죄책감에 시달리고, 아이가 부족해 보이면 그것 역시 엄마의 잘못인 것만 같습니다. 하지만 죄책감은 오만한 감정인지 모릅니다. 그 밑바닥에는 '엄마라면 다 할 수 있어야 해' 혹은 '우리 아이는 결함 없이 완벽해야 해'라는 욕망이 깔려 있기 때문입니다.

죄책감에 휩싸이면 사실을 있는 그대로 볼 수 없으며, 앞으로 나아갈 수 없습니다. 내 잘못을 보지 않기 위해서 도가 지나친 행동을 합니다. 그래서 정작 아이가 무엇을 필요로 하는지 살펴보지 않습니다. 눈이 잘 보이지 않는 아이를 위한답시고 먹기 힘든 건강식품을 먹이고, 한의원에 데리고 가서 침을 맞게 하면서, 아이가 양말 한 짝을 잘 못 찾으면 도와주지는 못할망정 "눈도 나쁘면서 왜 정리를 못하느냐"라고 짜증을 냅니다. 그리고 그런 자신을 또 비난하고 자책합니다. (네, 모두 저의 이야기입니다.) 그리고 자신의 죄책감을 상대에게 투사해서 관계를 망칩니다. 남편을 비난하고, 의료진에게 화를 내고, 아이의 특성을 미리 알고 돌보지 않는 학교에 분노를 터뜨립니다.

상황을 받아들이고, 최선을 다한 자신을 위로하세요

죄책감을 갖지 말아야지 하고 머릿속으로는 생각하지만, 죄책감에서 벗어나기는 참 어렵습니다. 워낙 의식 밑바닥에 깔린 욕망이 강하기 때문이지요. 평소에 그러지 말아야지 하며 다짐하고 반성해도, 어떤 자극이 주어지면 생각할 새, 손 쓸 새 없이 자동적으로 '죄책감 모드'로 돌아갑니다.

죄책감에서 벗어나기 위해서는 두 가지 단계가 필요합니다.

첫째, 그 상황을 받아들이는 겁니다. 받아들인다는 건 '~했으면 좋았을 텐데', '~이 되어야 하는데'를 생각하지 말고 지금 벌어진 사실만 받아들이는 겁니다. 어떤 사실이 일어났습니까? "아이가 눈이 나빠졌습니다." 그래도 내 책임이 느껴진다면 그것까지 사실에 포함해 봅니다. "응급실이 나쁘다는 편견에 빠져서 가지 않았습니다. 그래서 아이가 눈이 나빠졌습니다." 이때 소리 내어 말하는 편이 좋습니다. 죄책감이 느껴진다는 건 우리의 생각이 '지금 여기'가 아니라 과거나 미래에 있다는 이야기인데, 소리를 내어 말하면 '지금 여기'에 머무는 데 도움이 됩니다. 작은 소리여도 좋고, 몇 번이어도 괜찮습니다. 그 일을 '사실'로 받아들일 수 있을 때까지 반복해서 말해 봅니다. 저는 이 말을 소리 내어 할 수 있을 때까지 5년 이상 걸렸답니다.

둘째, 최선을 다한 자신에게 위로를 보냅니다. 우리는 무지와 편견에 사로잡혔어도 최선을 다해 아이를 사랑하려 하지 않았던가요? 처음 해 보는 엄마 노릇인데도, 유별난 아이를 키우는데도, 이만큼이나 잘 해내 오지 않았던가요? 그런 나를 격려합니다. "많이 애썼구나", "이만해서 다행이야", "그만하면 좋은 엄마야"라고 말합니다.

마지막 단계, 아이를 봅니다. 내 아이는 완벽한 아이가 아닐 겁니다. 하지만 충분히 사랑스럽고, 소중한 아이입니다. 나도 완벽한 엄마는 아니지만, 내 아이의 엄마 정도는 될 수 있을 만큼 좋은 엄마입니다. 무엇보다도, 지금 아이 옆에 '엄마'라는 이름으로 자리를 지키고 있지 않습니까? 그것으로 충분합니다.

3장

엄마가 가장 먼저 아끼고 사랑해야 할 사람은 자기 자신이다

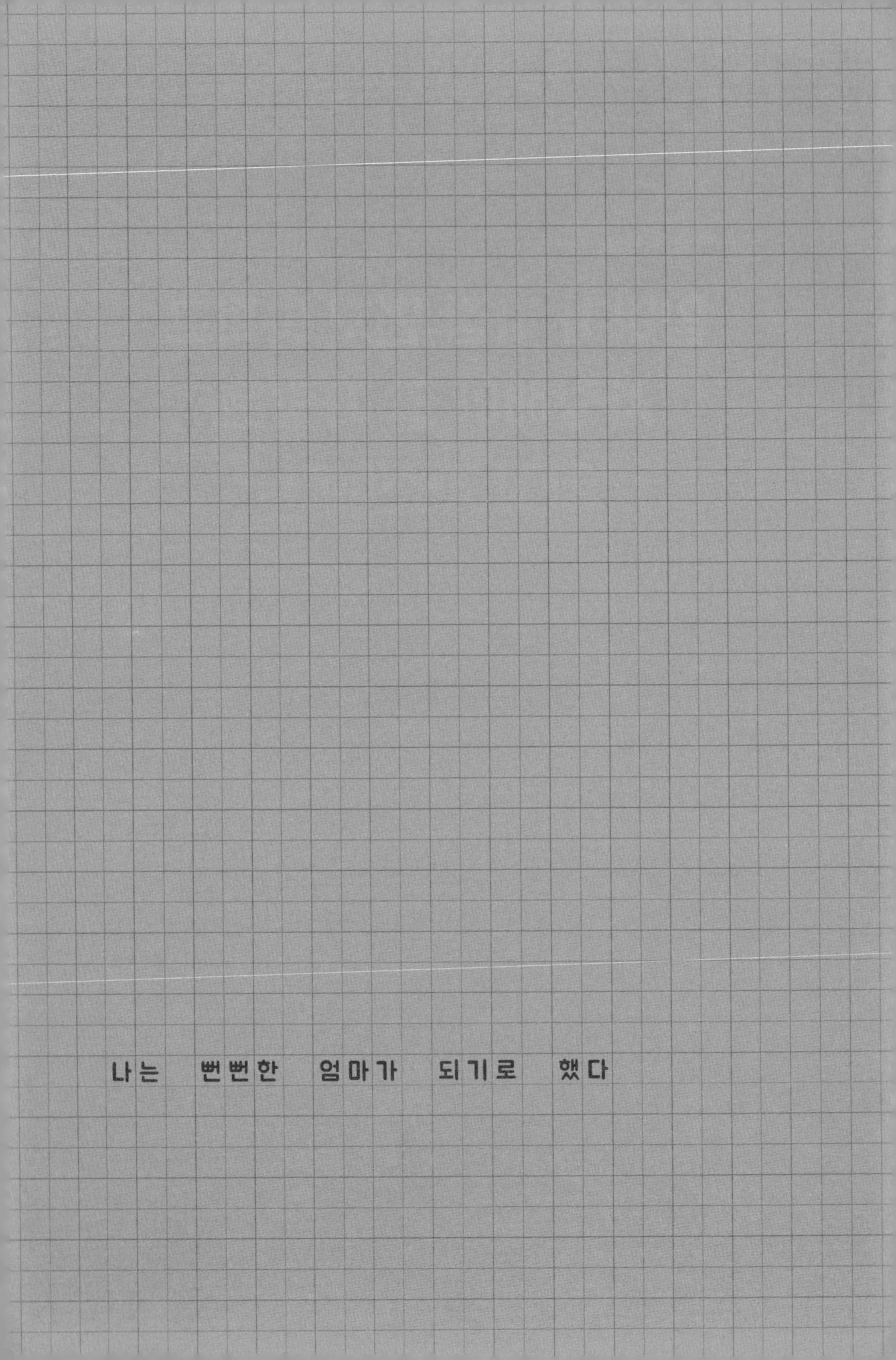
나는 뻔뻔한 엄마가 되기로 했다

01

—

엄마가 가장 먼저 아끼고 사랑해야 할 사람은 자기 자신이다

우리는 '엄마'라는 사람은 완벽해야 한다고 여긴다. 엄마의 완벽한 사랑이 아이에게 안정된 애착을 만들어 주고, 그래야 아이가 편안하고 행복하고 성공적인 삶을 살 것이라 믿어서다. 그러나 현실의 엄마인 '나'는 단 한순간도 '완벽'하지 않다.

당신은 아이를 가지자마자 넘칠 듯한 모성애를 느꼈는가? 나는 그렇지 않았다. 큰아이는 내게 선물이라기보다 짐이었고, 인생 계획의 장애물이었다. 나의 결혼은 설레는 미래를 향한 축복이라기보다, 가족의 암울한 미래로부터의 도피였다. IMF로 폭싹 망한 가정을 구하라는, 도저히 할 수 없는 일을 하도록 기대되는 맏딸로 살았기에, 결혼은 새로운 가족을 만드는 장밋빛 희망이 아니라 원가족으로부터의 도망이었다.

큰아이는 그 와중에 생겼다. 결코 계획한 일이 아니었다. 결혼을 지속할지 말지 1년이 지나도 확신이 없어서 혼인신고도 미루고 있었는데, 어쩌다가 임신 테스트기에 선명한 두 줄이 나타나 버렸다. 그걸 확인하고 땅이 꺼져라 한숨을 쉬었던 것을 기억한다. 바라고 바라던 아이는 아니었으나 결혼까지 했는데, 그때까지만 해도 굳이 다른 걸 하겠다고 작정한 바도 없는데, 아이를 낳지 않을 이유가 없었다.

오랜 진통 끝에 울음을 터뜨리며 큰아이가 나왔을 때, 쭈글쭈글한 얼굴로 울어 젖히는 작은 생명체가 낯설기만 했다. 물론 아이에게 모든 것을 주고 싶을 만큼 강한 애착이 느껴지는 순간도 있었지만, 세 시간 이상 아이를 보는 일은 힘들고 지루했다. 사랑하지만 미울 때도 있었고, 기꺼이 함께 있지만 오래 있으면 힘들었다. 두 가지 감정을 동시에 느끼면서 마음속 깊이 '나는 엄마로서 좀 부족하구나'라고 느꼈다. 그래서 악착같이 바깥일을 하려고 매달렸는지도 모르겠다. 일을 하면 아이와 하루 종일 함께 있지 않아도 되었다. 직장의 바쁜 일은 양가감정을 감추기에 편리했다. 나도 '부족한 모성'을 가진 엄마라는 사실을 잊고, 교육에 열을 올리며 '좋은 엄마, 유능한 엄마' 대열에 합류했다.

그러다 작은아이를 낳았고, 아이를 도맡아 키워 주시던 친정 곁을 떠나면서 비로소 혼자 두 아이 육아를 감당하게 되었다.

아이가 사랑스러운 만큼,
견딜 수 없이 미운 엄마들에게

작은아이가 17개월이었을 때다. 늦은 오후 아이들이 어린이집, 유치원, 학교에서 돌아올 무렵이었다. 아파트 놀이터에서 아이를 놀게 하고, 거기에 모여든 동네 아줌마들과 수다에 빠졌다. 내 딴에는 아이를 보면서 이야기를 하고 있다고 생각했는데, 문득 살펴보니 아이가 보이지 않았다. 머릿속이 하얗게 되었고, 온몸이 얼어붙었다. 미친 사람처럼 아이를 부르며 아파트 주위를 뛰어다녔다. 그 짧은 순간에 온갖 생각이 머리를 스치고 지나갔다. '이러다 아이를 찾지 못하면' 혹은 '이러다 아이가 사고로 죽기라도 하면'…. 순식간에 아이가 부재한 상황이 상상되었고, 형언할 수 없는 공포와 슬픔과 불안이 찾아들었다. 그런데 놀랍게도, 또 다른 생각이 뒤이어 떠올랐다. '아이가 어떻게 되면 슬프기야 하겠지만, 이 힘든 건 좀 덜하지 않을까?'라는 마음. 당황스러웠다. 아이는 5분 만에 지하 주차장에서 찾았지만, 나는 오랫동안 스스로에게 물었다. 나는 아이를 사랑하지 않는 건가? 아이의 부재를 '내가 덜 힘든 것'과 관련시킬 만큼 나는 이기적인 건가? 도대체 나라는 인간은 어떻게 생겨 먹었기에 아이가 없어진 그 순간에 '없어서 편할 것'이라는 생각을 할 수 있는가? 스스로를 비난하는 목소리는 끊이지 않았고, 이런 속내를 누군가 알아챌까 봐 두려웠다.

그래서였을까? 나는 첫아이가 암을 진단받은 순간에도 엄마와

형이 하루아침에 사라져서 놀랐을 작은아이를 걱정했다. 생사가 달린 병에 걸린 아이가 바로 눈앞에 있는데, 건강한 아이 걱정에 에너지를 썼다. 그 아이를 돌볼 사람은 아빠도, 할머니도, 어린이집 선생님도 있었는데 말이다. 그건 오로지 엄마로서의 '결함'과 그로 인한 두려움을 감추기 위한 행동이었을 것이다. 엄마인 내가 옆에 있어야 아이가 건강한 애착을 형성할 거라는 강력한 믿음은, 어쩌면 아이를 잃어버렸던 순간 느꼈던 내 안의 '잔인한' 모성을 받아들이지 않기 위해 스스로 단단히 친 방어막이었을지 모르겠다.

엄마가 양가감정을 인정하지 않을 때 일어나는 비극

양가감정을 느낀다는 걸 알아챈 엄마는 곧바로 죄책감에 빠진다. 마치 근친상간이라도 저지른 듯 화들짝 놀란다. 사회가 아이를 미워하는 엄마를 용납하지 않기 때문이다. 아이를 버린 엄마, 아이를 미워하는 엄마, 아이에게 소홀한 엄마는 설 자리가 없다. '좋은 엄마'가 되라는 요구는 너무나 강력해서 우리 엄마들은 그 속에서 한 발짝도 움직이기 어렵다. 스스로를 '좋은 엄마 되기' 틀에 가두고 거기서 조금이라도 어긋날 때, 날 선 채찍을 들이댄다.

그러나 세상일이 어디 뜻대로 흘러가던가. 아무리 한결같은 완벽한 엄마가 되려고 해도 현실은 늘 배반의 시나리오를 펼친다. 밤에 잘 때 천사 같던 아이가 아침 식사 시간에 밥그릇을 엎으며 투정을 하고, 막 빨아 햇볕에 깨끗이 말려 놓은 이불에 질퍽하게 오줌을 싼다. 퇴근 후 몸과 마음이 녹초가 된 엄마에게 징징거리고, 잘 때는 엄마 몸을 노리개 삼아 만지작거리며 잔다. 이때 엄마라는 독립된 개인의 욕구는 아이라는 독립된 개인의 욕구와 정면으로 충돌한다. 화, 짜증, 당황스러움, 미움 등의 불편한 감정이 일어나는 것은 지극히 자연스럽고 당연하다.

문제는 엄마들이 아이에게 느끼는 불편한 감정을 없애려 하거나 감추려고 할 때 벌어진다. 아이가 미워진 엄마는 양가감정의 원인을 아이에게서 찾고, 아이를 '좋은 아이'로 만들려 필사적이 된다. '좋은 아이'가 되면 아이를 미워하지 않아도 되기 때문이다. 아이에게 예절을 강조하고, 규율을 꼭 지키도록 하고, 공부를 잘하도록 아이를 억압한다. 반대로, 아이에 대한 불편한 감정을 감추려는 엄마는 아이의 모든 욕구에 먼저 응답하려 한다. 아이를 미워한 자신에게 비난의 화살을 보내어, 죄책감 때문에 아이를 위해 무엇이든 해주는 희생적이고 허용적인 엄마가 된다. 그러나 이런 시도는 모두 실패할 수밖에 없다. 아이를 억압하든 엄마를 억압하든, 그 불편한 감정은 그대로 남아 있기 때문이다.

나는 완벽하진 않아도
충분히 괜찮은 엄마다

정신건강 전문가들은 두 가지 상반되는 감정이 일어났을 때, 하나의 감정이 다른 감정을 집어삼키게 하지 않고 함께 지닐 수 있는 능력을 정신건강이 좋다는 하나의 신호로 본다. 그래야 감정을 억누르거나 모른 체하지 않고, 있는 그대로의 감정적인 현실을 제대로 느낄 수 있다는 것이다.

엄마는 아이가 사랑스러울 때도 있고, 미울 때도 있다. 감정은 영원히 하나의 색으로 지속하지 않는다. 상황은 매 순간 바뀌고, 그에 따라 감정도 일어났다가 사라진다. 아이가 미워지는 순간에도 사랑을 거두는 것은 아니며, 아무리 아이가 사랑스러워도 아이의 똥 냄새까지 향기롭지는 않다.

지리산으로 내려온 지 3년째 되던 어느 가을날, 후드득 떨어지는 총천연색 단풍이 깔린 도로 위를 달리다 울컥 우울해진 적이 있다. 도시에서 잘나가는 친구의 소식을 듣고 난 후였다. '나는 어쩌다가 이렇게 깊은 시골까지 와서 살게 되었나' 싶었다. 인생을 꼬이게 만든 아이가 원망스러웠고, 이렇게까지 애쓰는데 보답은커녕 계속 바라기만 하는 것 같은 아이도 보기 싫었다. 운전대 위로 눈물이 뚝뚝 흘렀다. 길가에 차를 대고 창문을 여니 계곡물이 흘러가는 소리, 바람이 부는 소리, 단풍이 떨어지는 소리가 가득했다. 잠시 그 자리에 머물러 산과 계곡물과 나무를 보면서 지나가는 감정과 생각도 지켜보았다. 억울함도 있었고, 아쉬움도 있었고, 미련도 있었다. 나도 마음껏 잘나가게 살고 싶다는 욕망도 있었다. 큰 숨 한 번 내쉬고 다시 운전대를 잡았다. 어느새 아이를 향한 미운 감정은 마치 한바탕 소나기를 퍼붓고 지나가는 여름 비구름처럼 사라져 있었다.

사람들은 아이를 있는 그대로 사랑하라고 쉽게 말한다. 하지만 그 전에 엄마가 반드시 해야 할 일이 있다. 바로 엄마 본인이 갖는 아이에 대한 불편한 감정을 제대로 느끼고 받아들이는 것이다. 있는 그대로의 자신을 받아들이지 못하는 엄마가 아이를 있는 그대로 사랑할 수는 없다. 엄마들이 먼저 자신의 편이 되어 스스로에게 사랑을 듬뿍 주어야 하는 이유다. 결함투성이의 나, 이중적인 나, 이기적인 나를 따뜻하게 안을 수 있어야 아이에게 사랑이 전해진다는 것을 잊어서는 안 된다.

02

—

우울한 엄마보다 게으른 엄마가 훨씬 낫다

이제 막 엄마가 된 여자들에게 가장 큰 적은 극도의 피곤함이다. 초보 엄마들은 임신과 출산을 거치면서 매일매일 달라지는 몸의 변화를 감당하기도 버거운데, 그 버거움은 꼭꼭 접어 숨겨 두고 품 안의 핏덩이 아기를 돌보아야 한다. 결혼하기 전까지는 해 보지도, 배우지도 못한 '아기 돌보기'라는 일은, '잘못하면 아이를 망치고 말 것' 혹은 '내 인생은 어디에?' 같은 생각 때문에 사랑보다는 불안과 두려움이 앞서는 작업이 되기 쉽다. 이런 상황에서 '엄마'라는 이름을 막 얻은 20대 혹은 30대 여성이 자기 돌봄을 삶에서 점점 뒷전으로 밀어 두는 것은 당연한 일인지 모른다.

많은 육아·교육 전문가들은 엄마들의 자기 돌봄이 중요하다고 말한다. 엄마가 튼튼한 두 다리로 삶의 현장에 안정되게 서 있어야 아이와의 애착이 안정되는 것은 물론이요, 스스로를 돌보지 못하는 엄마는 결국 아이에게 건강하지 못한 환경이 되기 때문이라는 것이다. 자기 돌봄은 '몸 돌봄'와 '마음 돌봄'이라는 두 가지 축으로 이루어진다. 몸 돌보기는 씻고, 먹고, 자고, 쉬고, 운동하는 등의 활동으로 이루어지는데, 생존과 몸의 건강을 위해 반드시 필요하다. 마음 돌보기는 분노, 불안, 두려움 등 수시로 일상을 침입하여 삶을 흔드는 부정적인 감정에 잘 대처할 수 있도록 도와주는 활동들이다. 예컨대, 친구와 수다를 떨거나 생각을 멈추기 위해 영화를 보는 등의 활동을 하면서 우리는 불안하고 외로운 마음을 달랜다.

그런데 하루가 정신없이 돌아가는 초보 엄마들은 '너를 먼저 돌보라'라는 말을 어떻게 들을까? 아마도 팔자 좋은 소리로 들어 넘길 것이다. 나 역시 초보 엄마였을 때는 해야 할 일, 하지 않으면 생활이 엉망진창이 되는 일, 긴급한 일들이 홍수처럼 밀려와, 잠시 '멈추어서' '나'를 '돌보는' 일 따위에는 조금의 여유도 줄 수 없었다. 그러한 일들이 거듭되면서 나는 점점 소진되어 갔다. 몸과 마음이 소진되니 불안, 두려움, 분노, 우울 등 부정적인 감정이 나를 잠식했고, 아이에게 영혼 없는 돌봄을 제공했다. 정신 건강이 허약해질수록 사소한 일에도 예민하게 반응했다. 악순환이었다. 그런데 그 악순환의 고리를 끊은 것은 참으로 '이상하고 오묘하며 비정상적인' 방법을 통해서였다.

당신은 스스로를 기분 좋게 하는
'자기만의 휴식법'을 알고 있는가?

1년간의 항암 치료를 끝내고 지리산으로 이사할 준비를 하고 있을 무렵이었다. 열 차례의 항암 치료를 마친 아홉 살 큰아이와 천방지축 네 살 작은아이의 수발을 드느라 하루가 정신없이 지나갔다. 어느 날 초인종 소리가 나서 현관 문을 열어 보니 어떤 아줌마가 물 한 잔만 달라고 했다. 평소 같으면 바쁘다고, 죄송하다고 형식적으로 말하며 외면했겠지만, 왠지 그때는 묻지도, 따지지도 않고 그냥 착한 일을 하고 싶었다. 고작 물 한 잔 달라는 건데, 그 정도는 인간적으로 해야 할 일 같았다. 그런데 물 한 잔 드시고 금방 떠날 줄 알았던 그 아줌마는 이런저런 말을 건넸고, 결국에는 집에 우환이 있는 것 같다, 무슨 일이 있느냐, 기도를 하는 게 좋겠다고 말했다. 이른바 "도를 아십니까?", "인상이 좋아 보이시네요" 하고 말을 건네는 사람들과 한솥밥을 먹는 사람이었다. 아이가 좋아지려면 정성을 다해 조상 천도제를 지내야 한다고 말했다.

사실 당시 나는 3년 전 돌아가신 할머니를 생각하고 있었다. 할머니는 마지막 몇 년을 친정집에서 머무르셨는데, 큰아이가 거실에서 놀고 있을 때 방에서 돌아가셨다. 나는 친정엄마를 힘들게 한다는 이유로 괜히 할머니를 미워했다. 아이가 아프니 '내가 뭘 잘못했을까'를 일일이 되짚어 보다가 마침내 할머니 생각에 다다른 터였다. 내가 할머니를 미워했던 벌을 받을지도 모른다는 두려움도 들곤 했다. 그래서일까. 그 아줌마의 말을 따르고 싶었다. 내가 가진 죄책감을 '천도제'라는 이름으로 덜 수 있다면 덜고 싶었다. 나는 아줌마가 원하는 액수의 돈을 건넸다. 적지는 않았으나, 당시로서는 감당할 만했고, 의식을 치르는 날에는 아줌마를 비롯한 그쪽 사람들이 요구하는 형식의 예를 갖추기도 했다.

당시 나는 그런 '이상하고 오묘하며 비정상적인 방법'에 마음을 기댈 만큼 극심하게 불안정한 감정 상태였을 것이다. 항암 치료가 끝났지만 언제 다시 재발할지 모른다는 불안함, 서울에서의 생활을 전면적으로 정리하고 다른 삶의 방식을 찾으려고 나서긴 했지만 어떤 삶이 펼쳐질지 감도 잡히지 않은 막막함, 이 모든 위태로운 감정을 혼자 감당해야 하는 외로움까지. 그들에게 돈을 건네고 천도제를 지내면서 민망하고 부끄러운 마음이 들기도 했지만, 돌이켜 보면 내 불안정함을 기댈 '이상하고 오묘하며 비정상적인 방법'이라도 찾아서 참 다행이었다. 마치 한 발 떼었다가는 퐁당 빠져 버릴 것 같은 징검다리 위에서 발을 동동 구르고 있는데, 갑자기 신묘한 거북이 나타나 등을 내어 준 덕에 가까스로 강을 건넌 형국이랄까.

이밖에도 내가 했던 '이상하고 오묘하며 비정상적인 방법'은 몇 가지가 더 있다. 아이가 암에 걸렸다고 하니 여기저기에서 '특별한 치료법'을 알려 주었다. 침으로 시력을 되찾을 수 있다는 한의사도 있었고, 특별한 비방으로 지은 약과 다양한 식이요법도 소개받았다. 고대 인도에서 유래되었다는 아유르베다 요법, 유럽에서는 이미 필수라는 면역요법, 지리산 깊은 골짜기에서 채취한 약초로 만든 생약제품, 면역을 특별히 높여 준다는 다단계 제품도 있었다. 모두 가격이 적지 않았고, 각각 효능을 장담했다. 나는 이 중 한두 가지를 선택했다. 가짜 약을 진짜 약으로 알고 복용해도 약효가 발휘된다는 플라세보 효과 때문인지, 잠시 잠깐 아이가 좋아지는 듯했다. 나는 무력감과 불안감을 그렇게 돌보았다. 무엇인가를 열심히 찾아서 하는 중에는 그런 부정적인 감정이 찾아들 틈이 없었으므로, 그것만 해도 내게는 의미가 있었다.

오로지 엄마 자신만을 위한 일을 하라, 그것이 무엇이든

언어치료사로 일하면서 나는 자폐성 장애나 지적장애를 가지고 있는 아이의 엄마들을 만난다. 모든 장애 아이의 엄마들은 아이가 장애를 진단받던 그 순간의 막막함과 절망과 괴로움을 몇십 년이 지나도 또렷이 기억한다. 아이의 장애는 엄마들에게 오래 지속되는 트라우마기 때문이다. 엄마들은 묻는다. “이런 비법이 있다는데 한번 해 볼까요?”, “침을 좀 맞아 볼까요?”, “뇌파 치료를 받으면 좀 나을까요?”라고. 이렇게 말하는 엄마들의 내면에는 두려움과 불안과 막막함과 무력감이 함께 뒤섞여 있다. 언어치료사로 일한 지 얼마 안 되었을 때 나는 “입증된 효과는 없어요”라고 부정적으로 답했는데, 이제는 이렇게 말한다. “안 해서 후회할 것 같으면 한번 해 보세요. 효과는 증명된 게 없지만, 혹시 이 아이에게 맞을지도 모르잖아요. 그리고 엄마 마음이 편해지면 그것만 해도 충분하죠."

엄마들의 자기 돌봄은 미디어나 책에서 흔히 얘기하는 요가나 명상처럼 일률적으로 우아한 모습이 아니다. 엄마들마다 삶의 이야기가 다르며, 강점도 약점도 다르다. 쇼핑이 필요할 수도 있고, 수다가 필요할 수도 있으며, 혼자 있는 시간이 필요할 수도 있다. 막다른 골목에서 화를 내는 게 나은 사람도 있고, 꺼이꺼이 울어야 하는 사람도 있다. 점이나 미신에 의지할 수도 있고, '이상하고 오묘하며 비정상적인 방법'을 사용하고 싶은 사람도 있다.

그러니 그 무엇도 다 괜찮다. 당신이 끌린다면, 귀가 솔깃하다면, 해 봐도 괜찮다. 그래서 마음이 편해지고, 괴로움에서 벗어날 수 있다면 그 어떤 방법도 괜찮다. 당신을 돌보는 가장 알맞은 방법은 당신이 가장 잘 알고 있을 것이므로.

부디 눈치 보지 말고, 당당하게 쉬어라

나는 부정적인 감정이 들어설 기미가 보이면 재빨리 무엇이든 하는 쪽으로 몸을 움직이는 편이다. 하지만 때로 손끝 하나 까딱하기 싫을 만큼 피곤한 날도 온다. 그런 날이 며칠씩 계속되기도 하는데, 그럴 때는 정말 아무것도 하지 않는다. 3일 내리 카레를 먹거나 라면으로 끼니를 해결하기도 하고, 청소도 안 한다. 정작 아이들은 카레와 라면을 마음껏 먹을 수 있어서 기뻐하지, 왜 엄마가 청소와 빨래를 안 하는지, 왜 나에게 신경을 쓰지 않는지를 궁금해 하거나 개의치 않는다. 오히려 '저 엄마는 집에서 뭐하나'라고 남들에게 손가락질 받을까 봐 스스로에게 쉼을 허락하지 못하는 내면의 감시자가 더 문제다.

매일 배달 음식만 먹여도, 청소를 안 해도, 육아 정보를 뒤지지 않아도, 누군가가 혀를 끌끌 찰 정도로 게을러도, 그렇게 해서 마음이 편해질 수 있다면 그것도 괜찮다. 엄마가 우울한 것보다는 게으른 게 아이에게도 엄마에게도 훨씬 낫다. 쉴 때는 누구의 눈치도 보지 말고 당당히 쉬어야, 개운하고 떳떳하게 다시 '육아 전선'으로 돌아올 수 있기 때문이다.

비행기에서 안전 교육을 할 때 제일 중요하게 다루는 것이 산소호흡기가 내려왔을 때 '본인' 먼저 쓰게 하는 것이다. 내가 살아야 남도 살린다. 엄마가 살아야 아이도 산다. 아이는 엄마의 생명을 토양으로 삼아 자라는 나무라는 걸 늘 기억해야 한다.

03

'나'를 잃지 않는 엄마가 아이와의 관계도 좋다

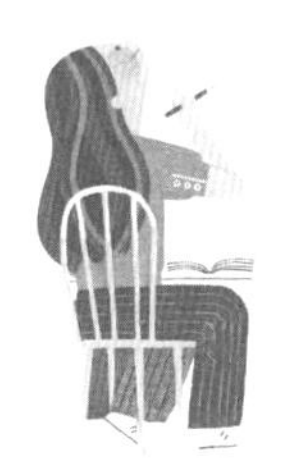

엄마가 되면서 '나'를 잃어버렸다는 엄마들. 엄마는 누구고 나는 누구인가? 엄마 노릇을 잘 못하면 나는 엄마가 아닌 걸까? 엄마 노릇을 내 사정에 맞게 선택할 수는 없는 걸까?

처음 큰아이를 임신했다는 사실을 알았을 때, 나는 임신이 내 인생을 얼마나 바꾸어 놓을지 짐작조차 되지 않았다. 하지만 결혼도 했으니 기왕 생긴 아이를 낳지 않을 이유가 없었다. 그저 중학교를 졸업하면 고등학교에 들어가듯이, 임신과 출산은 결혼 이후에 당연히 거쳐야 하는 인생 단계로, 별생각 없이 받아들였다.

당시 나는 창간을 준비하는 잡지를 만드는 일을 하고 있었는데, 마감을 며칠 앞둔 어느 날 갑자기 피가 비쳤다. 입덧도 없었고, 배가 아프지도 않았다. 병원에서는 절박유산이라고, 화장실에 갈 때만 빼고는 내내 누워 있어야 한다고 했다. 아이가 살 확률은 50%라며, 의사는 무서운 얼굴로 꼼짝도 하지 말라고 말했다.

일주일 동안 휴가를 받아 집에 누워 있는데, 솔직히 고역도 그런 고역이 없었다. '나'를 위해서는 웬만한 건 하면 안 되었다. 눈앞에 돌봄이 필요한 아이가 있는 것도 아니었는데 '아이를 담고 있는 신체로서의 의무를 철저히 이행해야 함'이라는, 보이지는 않지만 거부할 수 없는 강력한 명령이 등 뒤에 있는 것 같았다.

결국 나는 출퇴근을 해야 하는 직장을 그만두고 프리랜서가 되었다. 정규직을 포기한 덕(?)에 무사히 아이를 낳았고, 다행히 출산 후 한 달 만에 직장을 구해 친정에 아이를 맡기며 고군분투했지만, 마침내 2년 만에 두 손을 들었다. 당시만 해도 육아휴직이 불가능했던 데다가 야근과 철야가 한 달에 열흘도 넘는 잡지기자는 엄마 노릇을 하기에 가장 나쁜 직업 중 하나였다. 아이를 키우면서 일하는 선배들은 거의 없었고, 있더라도 겨우 버티고 있을 뿐 조금도 행복해 보이지 않았다.

나는 엄마 노릇을 하는 데 크게 방해가 가지 않는 일, 즉 출퇴근 시간이 탄력적이며, 나이가 드는 것이 경력이 되고(잡지기자는 나이가 들수록 '감각이 올드하다'는 소리를 들었다), 소속되지 않아도 일할 수 있는 직업을 가지려고 대학원에 들어갔다. 그때 선택한 직업이 언어치료사다. 파트타임으로도, 혼자서도 일할 수 있고, 나이가 경력이 되는 직업. 대학원에 다니는 3년 동안 꾸준히 일도 하고, 둘째도 낳았다.

그런데 이제 막 새로운 경력을 시작하려고 하는 순간, 큰아이가 병에 걸렸다. 나는 또다시 엄마 노릇에 온 에너지를 쏟아부었다. 그건 선택할 수 있는 일이 아니었다. 아이의 병은 엄마가 해결해야 했고, 아이 곁에 엄마가 있어야 했다. 그때 내가 엄마 외의 무엇이 될 수 있었을까? 아픈 아이 앞에서, 장애를 가진 아이 앞에서 나는 '엄마'만 될 수 있었다. 나는 엄마 노릇 말고 다른 무엇을 하도록 나를 허락하지 않았다. 10년 동안 그렇게 살았다.

엄마 노릇은
내 인생의 일부분일 뿐이다

작년 봄, 나는 공부를 다시 시작했다. 석사과정을 졸업한 지 12년 만에 다시 박사과정에 들어간 것이다. 오랫동안 생각하고 염원한 계획이 아니었다. 당장 내일도 알 수 없었던 10여 년 동안 무엇을 '계획'하며 살지 못했다. 그저 매년 새해 아침에 '내년 오늘도 아이와 함께 맞을 수 있을까?'를 물었었는데, 작년에는 더 이상 그걸 묻지 않고 있는 나를 발견했다. 아이는 공식적으로 10년 동안 달고 있던 '중증 환자' 타이틀을 떼어 내고 만18세가 되었고, 2년 늦은 고등학교 입학과 함께 기숙사를 향해 집을 떠났다. 그게 내가 대학원에 다시 들어간 이유는 아니었다. 큰아이가 법적 성인이 된다는 것, 드디어 집을 떠난다는 사실에 불안이 묻은 해방감을 느끼기는 했지만, 모든 엄마가 아이가 기숙사에 들어간다고 해서 대학원을 가고, 공부를 시작하는 것은 아니다.

늦가을 어느 날이었다. 지리산 산사 마당에 후드득 떨어진 단풍이 빈 마당을 뒹굴다 사라졌다. 봄에 돋았던 연두색 보드라운 잎사귀가 여름이 되어 성성한 초록이 되었다가 빨갛고 노랗게 물들어 가을과 함께 떨어졌다. 가지는 앙상했으나 나무는 여전히 그 자리에 있을 것이고, 이듬해 새로운 잎사귀를 피워 올릴 것이었다. 우두커니 낙엽과 나무를 보고 있는데, 문득 나무가 '너는 어떤 봄을 준비할래?'라고 묻는 것 같았다. 나도 나무처럼 한철 지난 잎사귀는 다 떨구어 내고 새잎을 피워 내고 싶었다. 살아 있는 나무처럼 매해 한 뼘씩 성장하고 싶었다. 그러려면 어떤 잎들을 떨구어 내야 하는 걸까? 켜켜이 들러붙어 삶을 둔중하게 만들었던 불안, 집착, 욕망, 의무의 엄마 노릇들을 먼저 걷어 내고 싶었다. 마치 제 몸인 듯 붙어 있는 그 노릇들을 떼어 내지 않고는 한 걸음도 내딛기 어려웠다. 나는 엄마 노릇을 제외한 모든 일을 그냥 하기로 결정했다. 대학원도 가고, 필요 유무를 알 수 없는 각종 자격증도 취득하고, 책도 읽고, 글도 쓰기로 했다.

부랴부랴 세 군데 학교를 골라 지원을 했고, 모두 합격을 했다. 세상에서 불어오는 따뜻한 바람이었다. 외딴곳에서 품속의 아이들만 거두던 내게 세상이 네 자리도 있으니 어서 오라고 두 팔 벌려 손짓하는 것 같았다. 경력을 차곡차곡 쌓지도 못한, 공부도 단절된

40대 후반 아줌마를 세상이 궁금해 하고 곁을 내주는구나. 든든하고 고마웠다. 등록금은 한국장학재단에서 10년 거치 10년 분할 상환으로 빌렸다. 꾸준히 일할 것이므로 살다 보면 갚아지리라. 내일을 알 수 없는 인생사에서 노후 대비를 위한 재테크나 저축보다 중요한 건 한 살이라도 젊을 때 '경험'을 쌓는 일이 아니겠는가.

설레기도 하고 두렵기도 한 대학원 수업 첫 날이었다. 오전 세 시간, 오후 세 시간. 여섯 시간의 전공 수업이 쏜살같이 지나고 집으로 돌아가기 위해 운전석에 앉아 핸들을 잡는 순간, 뱃속 깊은 곳에서 울컥 눈물이 터져 나왔다. 이렇게 재미있을 수가 있나. 마음껏 질문하고 배우는 순간이 이렇게 황홀할 수가 있나. 그동안 나는 일상을 살면서 '너무 많이 생각한다'는 이유로 스스로를 억누르거나 남들에게 핀잔을 들었다. 말 한마디에 포함된 여러 의미들을 세세히 가려 묻는 게 나는 재미있고 당연했는데, 어떤 사람들은 너무 따진다며 힘들고 어려워했다. 그래서 생각이 생각을 낳는 재미를 일부러 피했고, 호기심과 궁금증은 되도록 표현하지 않았다. 그런데 수업 시간에는 무엇을 질문해도, 어떤 엉뚱한 생각을 말해도 진지하게 듣고 이해하고 대답해 주는 선생님과 동료들이 있었다. 환대란 이런 것이다. 거리낌 없이 본성을 드러내도록 옆에 있어 주고 보아 주는 것. 운전대를 잡았을 때 터져 나온 눈물은 비로소 '나다운 것'과 만나서 느낀 감동 때문이었다.

공부를 다시 하면서 '나다운 것'과 만나니, 그동안 엄마 노릇을 하며 살아온 세월이 다시 보였다. 그때까지 내가 해 온 엄마 노릇은 과연 내가 선택한 것이었을까? 때마침 《82년생 김지영》이라는 소설을 읽게 되었다. 이 소설은 '나의 선택'으로 여겼던 인생의 많은 선택과 결정들이 사실은 교묘하고 치밀한 사회적 틀 안에서 행해진 것이었음을 기가 막힌 평범성으로 전해 주었다. 가랑이가 찢어지도록 '알바'를 하고, 직장을 구하고, 결혼을 하고, 아이를 낳고, 대학원을 가고, 아픈 아이가 원한다고 서울을 떠나는 등의 모든 선택은 내면에서 흘러넘쳐 나온 것이 아니라, 가부장을 탈출하거나, 가족을 유지하거나, 엄마 역할을 '효과적으로' 하기 위한 것인 줄, 그 선택을 할 당시에는 몰랐다. 너무나 당연하고 지당해서 한줄기의 의심조차 들어설 틈이 없었다. 다른 선택이 가능하다고 생각하지 못했다.

《82년생 김지영》을 읽고, 엄마로 살아온 내 삶을 다른 곳에서 보게 된 후, 부끄러웠다. 무엇 앞에서, 무엇에 대해 부끄러웠는지는 아직도 잘 모르겠다. 그저 내가 이 생에서 담당하고 있는 것이 '나'라는 생명이라면, 그 생명에게 부끄러웠던 것 같다. 내 삶은 엄마 노릇으로만 설명할 수 없는데, 그건 일부분일 뿐인데, 왜 조금의 머뭇거림도 없이 혹은 엄마가 된다는 것이 어떤 일인지 묻지도 않고, 하라는 대로만 했을까.

엄마 노릇을 하지 않는다고
엄마가 아닌 것은 결코 아니다

우리 엄마들은 임신하자마자 엄마 노릇을 강요받는다. 임신을 확인하는 그 순간부터 해야 할 일, 하지 말아야 할 일, 조심해야 할 일들이 산처럼 주어진다. 임신과 함께 여자들은 그때까지의 독특함은 모두 버리고, 전부 똑같은 사람이 되어 버린다. 임신하는 순간 한 명의 성인 여성은 물러나고, '배 속 아기'가 삶의 무대에 주인공으로 등장한다. 경우에 따라서는 임신이 원인인 병에 걸리기도 한다. 임신중독증, 임신성 당뇨는 임신이라는 사건이 사라지면 바로 낫는 병이다. 병에 걸리면 원인을 없애 환자를 낫게 하는 것이 마땅한데도, 의사는 출산까지 견디라고 하고, 엄마는 당연히 고통을 참는다. 왜냐하면 그것이 '엄마 노릇'이기 때문이다. 이것은 시작에 불과하다. 출산 후에 엄마는 회음부가 다 아물지 않고, 늘어난 관절들이 회복되지 않았어도, 시큰거리는 손목을 부여잡고 아이를 안고 수유를 하고, 돌봄에 필요한 온갖 노동을 감당한다. 남편과 큰아이의 빨래를 하고, 청소를 하고, 식사를 준비하고 설거지를 한다. 아이가 학교를 가고, 대학을 가고, 성인이 되어서 결혼을 하여 손자 손녀를 낳고, 마침내 엄마 본인이 죽기 전까지 '엄마로서 할 일 목록'은 마르지 않는 샘물처럼 늘 새롭게 채워진다.

그러다가 결국 묻게 된다.

"내 인생은 어디에 있는가?"

"나는 누구인가?"

지난 1년 동안 나는 엄마 노릇에서 잠시 떠났다. 이러저러한 여건으로 아이 아빠와 '노릇'을 바꾸었다. 밥, 설거지, 청소, 빨래 같은 집안일에서 손을 놓았다. 아이들의 학교생활도 예전만큼 챙기지 않았다. 학부모 회의에도 가지 못했고, 발표회도 참여하지 못했다. 며칠 동안 아이들 얼굴을 못 본 적도 있다. 대신 새로 시작한 일과 숙제, 공부가 일상의 대부분을 차지했다. 그 과정이 물 흐르듯 자연스럽지만은 않았다. 아이들은 낯설어했고, 특히 사춘기를 맞은 중학생 작은아이는 별것 아닌 일로 불만스러워했다. 그만큼 내가 아이들의 삶의 많은 부분을 담당했다는 이야기기도 했다. 작은아이의 퉁명스런 태도가 거세진다고 느끼던 어느 날, 불러 앉혀 놓고 진지하게 이야기를 했다. 학교에서 발표회를 한다고 학부모를 초청했는데, 내가 못 간다고 말한 다음이었다.

"민서야, 엄마는 다른 일을 시작했어. 그래서 예전만큼 너희들에게 시간과 노력을 들일 수 없어. 엄마한테 지금 1순위로 중요한 것은 일이랑 공부야. 엄마는 당분간 거기에 더 시간을 쏟을 거야. 엄마도 엄마 노릇 하는 거 말고 다른 일을 하고 싶거든. 하지만 너희에게 무슨 일이 생기거나, 너희가 도움을 요청하면 엄마에게 1순위는 당연히 다시 너희가 될 거야. 엄마가 필요하면 언제든지 말만 해. 엄마가 학교에 오기를 네가 진짜 원한다면 엄마가 갈게. 1순위가 요청하면 언제든 갈게."

고개를 푹 숙이고 입이 댓 발 나와서 이야기를 듣던 아이는 말없이 고개를 끄덕였다. 아이의 태도가 달라짐을 느낀 건 꽤 시간이 지난 후였다. 아이는 늦게 들어오는 내게 '언제 와?', '엄마 안 피곤해?' 같은 '다정한' 문자를 보냈고, 집에 들어와서 누워 있으면 발을 주무르거나 차를 타다 주었다. 아이 마음속에서 엄마의 자리가 어떻게 변했는지를 구체적으로 물어보지는 않았으나, '엄마'를 이전과는 다르게 생각하게 된 것만은 분명했다. 아이는 '엄마'라는 사람과 '엄마가 하는 일'이 같지 않다는 걸 어렴풋이 알게 된 것 같았다.

나 역시 그랬다. 엄마 노릇을 떠나보내고 나서야 '엄마인 나'와 '엄마 노릇을 하는 나'를 비로소 아무런 죄책감 없이 분리하고 받아들였다. 엄마 '노릇'을 하지 않는다고 엄마가 아닌 것은 아니었다. 그건 가능한 일이 아니었다. 아무리 엄마 노릇을 떠난다고 해도 내가 두 아이의 엄마라는 사실은 죽을 때까지, 아니 그 이후에도 변하지 않는다. 단지 나는 엄마 노릇이 삶의 1순위가 되는 시기는 지나왔을 뿐이었다. 그리고 그것은 반드시 지나가야만 했다. 엄마 노릇을 얼마나 오랫동안 가장 중요한 삶의 사명으로 둘 것인지는 사람에 따라 다를 수 있다. 어떤 사람은 1년 만에 그만둘 수도 있고, 어떤 사람은 20년 동안 지속할 수도 있다. 그러나 어떤 경우이든 평생 엄마 노릇을 하는 인생은 가능하지도, 바람직하지도 않다. 성장하는 삶, 자유로운 삶이란 더 많은 정체성을 경험하면서 풍부해지는 삶이 아니던가.

아이에게 줄 수 있는 가장 값진 교훈은 엄마가 스스로 만족스러운 삶을 사는 것이다

'엄마로서의 나'를 돌이켜 본다. 그리고 내가 엄마 노릇을 하던 시절도 되돌아본다. 나는 엄마인 내가 꽤 마음에 들고, 엄마 노릇에 전력을 다했던 나도 좋다. 엄마가 되지 않았다면 삶과 죽음에 대해서, 나와 타자에 대해서, 개인과 사회에 대해서, 존재와 역할에 대해서 이렇게 열렬하게 고민할 수 있었을까. 엄마가 되지 않았다면 내가 다른 존재에게 이토록 중요한 사람일 수 있었을까. 무엇보다도 엄마가 되지 않았다면 아이들이 주는 무조건적이며 순수하고 전체적인 사랑을 경험할 수 있었을까? 엄마였을 때 나는 가장 뜨겁게 '사랑'을 했고, 세상에 선한 영향을 끼치면서 존재했다. 엄마였을 때 나는 가장 생생하게 살아 있었고, 가장 끔찍하게 절망했으며, 머뭇거리지 않고 두려움을 안은 채 삶에 뛰어들었다. 나는 이제 안다. 그 모든 것이 '엄마'라서 가능했다는 것을. 엄마 노릇은 내 삶의 일부로 남겨 두고 떠나보냈지만, '엄마인 나'는 영원히 존재하리란 것을. 엄마 노릇 외에 다른 정체성을 경험하면서 풍부해지는 삶을 사는 것, 즉 엄마 스스로 만족스러운 삶을 꾸려 나가려는 태도야말로 아이에게 줄 수 있는 가장 훌륭한 인생 교훈이며, 아이와 좋은 관계를 맺고 유지하는 지름길이라는 것을.

04

눈치 보지 않고 도와달라고 말하는 뻔뻔한 엄마가 된다

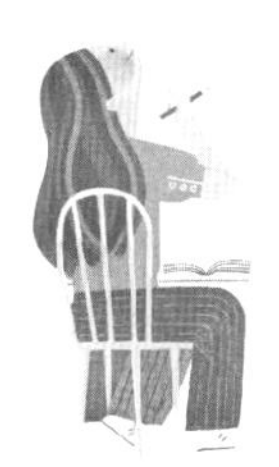

큰아이는 친정에서 컸다. 친정 부모님은 일하는 맏딸의 첫아이, 즉 첫 손자라 선뜻 키워 주셨다. 친정 식구들의 도움에 힘입어 나는 직장이나 학교에서 '아이는 다 알아서 잘 키우고 있다'로 보이고 싶었다. 다른 사람들이 불편해 할까 봐 아이를 데리고 모임에 가지 않았고, 아이를 이웃집에 잘 보내지 않았다. 아이가 친구 집에서 간식이나 저녁을 얻어먹고 오면 '이걸 어떻게 돌려줘야 되나' 싶어 신경이 쓰였다. 낯선 이에게 도움을 받는 건 민폐를 끼치는 일이고, 그건 언젠가는 돌려주어야 할 빚이었으며, 도와달라고 말하는 것은 엄마로서 나의 무능함을 드러내는 일이라고 생각했다.

게다가 도시의 삶은 얼마나 위험한가. 한시라도 주의의 끈을 놓으면 아이가 교통사고나 유괴를 당할 수도 있고, 길을 잃을 수도 있는 정글이었다. 누구도 믿기 어려웠고, 어느 곳도 안전하지 않았다. 아이를 보호하기 위해서는 보호자가 꼭 붙어서 다녀야 했고, 아이 혼자 밖에 내보내는 일은 상상할 수 없었다. 아이가 아프고 나서는 더더욱 아이를 보호하는 데 온 힘을 기울였다. 내가 보호하지 않으면 쉽게 다칠 아이라 생각했다. 안 그래도 무거운 육아의 책임감은 열 배쯤 커졌다.

그러나 아이는 결코 혼자 키우는 게 아니라는 걸, 눈을 조금만 밖으로 돌리고 마음을 열면 아이를 둘러싼 선한 어른들의 따뜻한 마음에 그 책임감이 스르르 녹는다는 걸, 아이의 조혈모세포 이식을 진행하면서 알게 되었다.

절대로 혼자서 과도한
책임감을 짊어지지 마라

이식을 위해 조혈모를 찾고 있을 때였다. 큰아이와 작은아이는 유전자가 서로 맞지 않았다. 국내에도 맞는 사람이 없었고, 해외 공여자도 과연 기증을 해 줄지, 안 해 줄지 알 수 없었다. '이렇게 어려운 거구나. 아무리 돈이 많아도, 아무리 유능해도 아이와 맞는 조혈모는 만들 수도, 구할 수도 없는 거구나.' 할 수 있는 게 아무것도 없이 막막할 때, 아이가 다니던 초등학교 학부모회에서 운동회를 맞아 모금도 하고 헌혈 캠페인도 벌이겠다고 했다. 헌혈하면서 조건이 맞는 사람은 조혈모세포 기증 등록도 할 수 있다. 지금 당장 우리 아이와 일치하는 조혈모를 찾을 수는 없으나, 더 많은 사람들이 기증 등록을 한다면 그중 아이와 딱 맞는 조혈모가 있을 수도 있지 않을까. 그러기 위해서는 내가 직접 도와달라고 먼저 말해야 했다.

쉽지 않은 일이었다. 내가 어려운 상황에 처했으니 도와달라고 말해야 하는데 입이 떨어지지 않았다. 차라리 고통과 어려움을 견뎌야 한다면 그렇게 하고 싶었다. 만약 다른 때였다면 '흥 아니면 말고' 하면서 미련 없이 기대를 접었을 것이다. 그러나 아이의 생명이 달린 일이었고, 나는 '엄마'라는 이름의 어른이었다. 내 기분이 어찌 되었던, 아이를 위하는 행동을 해야 했다. 며칠 동안 불편한 마음을 지켜보다가 어느 날 새벽에 벌떡 일어나 어렵게 글을 썼다. 아이가 큰 병에 걸려 지금 서울에서 치료 중인데, 완전히 낫게 하기 위해서는 조혈모세포 이식이 필요하다고, 아직 딱 맞는 조혈모를 찾지 못하고 있으니 부디 헌혈과 조혈모세포 기증을 부탁 드린다고 썼다. 그리고 이웃 마을 사람들이 자주 가는 게시판에 글을 올렸다.

그 글을 보고 그 마을의 많은 젊은 사람들이 일부러 나와 헌혈과 조혈모세포 기증 등록을 해 주었다. 위로 전화도, 힘내라는 문자도 많이 받았다. 기증 등록을 하고 "어쩌면 내 피가 꼭 맞을 것 같아"라고 말해 주는 친구도 있었다. 기증 등록을 한 사람이든 그렇지 않은 사람이든, 그 시간만큼은 우리 아이를 생각하며 우리 아이가 부디 잘되기를 기원했던 것이다. 그때 대학에서 여성학을 가르치고 있던 동생에게도 SOS를 쳤다. 아이의 소식을 듣고 내 일처럼 한달음에 달려와 조혈모세포 기증 등록을 해 준 페미니스트와 동성애 공동체 사람들도 50명이 넘었다. 그중 몇 명은 '성분헌혈'을 해 주었다. 직접 병원에 두세 번이나 찾아와 우리 아이만을 대상으로 헌혈해야 하는 번거로움도 마다하지 않았다. 도와달라고 하니, 도움이 찾아왔다.

아이를 기르는 손이 많을수록 아이는 훨씬 크게 자란다

다행히 일본에서 기증자를 찾았고, 이식 바로 전날 기증자의 조혈모가 비행기로 도착했다. 아이는 고용량 항암 치료와 방사선으로 '전 처치'를 마친 상태였다. 아이의 면역 체계는 깨끗하게 비워져 있었다. 이식은 두 팩의 조혈모를 수혈하는 것으로 두어 시간 만에, 과정에 비해 참으로 싱겁게 끝났다. 이제 새로운 조혈모가 자리 잡아 신선한 혈액을 만들어 주는 일만 남았다.

그런데 이식이 마무리되고 난 다음 주치의는 곤혹스런 표정으로 병실을 찾았다.

"이식을 하기는 했는데… 조혈모가 충분하지 않네요."

"네? 그게 무슨 말인가요?"

"여유 있게 생착이 되려면 2.5 이상의 조혈모가 필요한데, 지금 이식한 혈액에 조혈모는 1.4 만큼만 들어 있어요."

"아니, 그럼 어떻게 되는 건가요?"

"생착이 안 될 수도 있어요. 일단 기다려 봅시다. 일본에서 충분한 양을 채취해서 보내 주기는 했는데, 정작 필요한 건 별로 없네요. 해외라서 또 뽑을 수도 없고…."

의사는 혼잣말인지 아닌지 알 수 없게 중얼거리며 돌아 나갔다.

의사와의 면담을 끊고(무균실이므로 모든 소통은 인터폰으로 했다) 아이 옆으로 돌아오는데, 내가 지금 무슨 소리를 들은 건지 머리가 멍했다. 그때까지 의사에게 들은 말 중에서 가장 비관적인 말이었다. 이미 아이의 몸은 면역력이 제로인 상태인데, 새로운 조혈모세포가 만들어지지 못하면 끝이 아닌가.

그런데 이상하게도 마음이 고요했다. 어떤 두려움도, 불안도 느껴지지 않았다. 분명히 최악의 통보를 들었는데, 내 마음은 왜 이리 평화로울까? 문득 아이와 내가 갇혀 있는 두 평도 안 되는 무균실에 따뜻한 기운이 스며드는 듯했다. 그날 많은 사람들이 이식이 성공하기를 기원한다고 메시지를 보내 주었다. 몇 달째 큰아이를 생각하며 기도 중이라는 스님의 전화는 특히 더 뭉클했다. 그 따뜻함은 하루 종일 아이의 치유를 함께 기원해 준 사람들의 기도였다. 그들 모두가 나와 함께 있었고, 나와 아이는 단둘이 아니었다. '아이를 살리는 일에 모두가 함께하고 있구나.' 서울과 지리산 사이의 300km 넘는 거리는 인간이 정한 인식의 한계일 뿐이었다. 그 거리를 뛰어넘어 모두 그 자리에 손을 잡고 있었다.

육아에 민폐란 없다,
아이를 키우는 데는 온 우주가 필요하므로

독박 육아의 고단함에서 잠시 해방되기 위해 오랜만에 유모차를 끌고 나와 카페에 앉은 엄마에게 사람들은 '맘충'이라며 손가락질한다. 떠드는 아이, 뛰는 아이를 다스리지 못한다는 것이다. 어떻게든 경력을 유지하기 위해 시부모님, 친정 부모님께 육아 도움을 받는 엄마들은 '민폐를 끼친다'는 생각에 마음이 편치 않다. 그러나 아이는 결코 엄마만의 무한 책임으로 자라지 않으며, 그래서도 안 된다. 아이를 키우는 데는 온 마을이 필요하다고 하지 않던가.

나는 한발 더 나아가 온 마을을 '온 우주'로 바꾸겠다. 대추 한 알이 여무는 데도 온 우주의 기운이 필요하다는데 사람을 키우는 일임에랴. 어쩌면 도움을 받고 싶지 않은 심리의 저편에는 '내가 그래도 괜찮은 사람인데'라는 자의식이 있었을지 모르겠다. 민폐를 끼치고 싶지 않다는 마음 구석에는 '내가 그들보다 좀 나은데'라는 우쭐거림이 있었을지도 모르겠다. 그러나 아이를 키우는 데 더 괜찮고, 나은 건 없다. 높고 낮음도 없다. 생명을 잇는 일에 우리는 본질적으로 한마음이며, 너와 내가 따로 없다. 그러니 생명을 키워 내는 엄마들은 언제라도 타인에게 손 내밀 수 있어야 한다. 엄마 품에 안긴 어린 생명은 개별적인 존재가 아니라 인간 전체가 이어 가는 생명의 한 부분이다. 엄마는 어쩌면 생명이 태어나는 통로일 뿐, 우주가, 자연이 아이를 키운다. 이 얼마나 든든하고 다행스러운 일인가.

05

—

트라우마, 물려주고 싶지 않다면 어떻게든 정리하고 넘어가야 한다

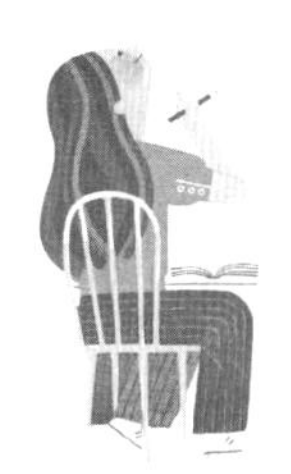

세월호가 바다에 가라앉고 나서 내가 사는 마을에는 작고 노란 플래카드가 곳곳에 붙었다. '기억하겠습니다', '잊지 않겠습니다', '진실을 밝혀라'와 같은 글들이 또박또박 적힌 플래카드. 하지만 한동안 나는 그 노란 플래카드, 노란색 리본을 쳐다보지 못했다. 세월호의 '세' 자만 보아도 고개를 돌렸다.

내 의지대로 그런 것이 아니었다. 마치 자동판매기처럼 어떤 상황을 자극으로 느끼면 몸이 저절로 반응하고 그에 따른 마음의 작용도 습관적으로 일어나는 이 일, 그러니까 자신이 겪었던 옛날 고통이 살아 올까 봐 현재를 있는 그대로 보지 못하는 이 일을 사람들은 '트라우마'라는 이름으로 불렀다.

내 인생을 통째로 쥐고 흔들던 트라우마에 대하여

2007년 7월 어느 날, 나는 신촌 세브란스 병원에서도 가장 오래되고 낙후한 한 병동에 있었다. 설립된 지 100년도 넘은 그 병원은 몇십 년 동안 새 건물을 덧대는 공사를 해 와서 병원 전체가 미로 같은 구조였다. 그 미로를 끝까지 따라가다 만나는 막다른 곳에 소아암 병동이 있었다.

4인용 병실 네 개, 2인용 병실 세 개. 20여 명도 한꺼번에 입원시키지 못하는 열악한 병실 사정 때문에 병동은 늘 북적거렸다. 퇴원할 환자는 링거액을 다 맞지 못하여 나가지 못하고 있는데, 열이 나서 급히 입원한 환자가 병실 앞에서 진을 치는 경우가 흔할 만큼 병실은 늘 만원이었다. 그런데 그때는 그 병실들이 텅 비어 있었다. 간호국에도 사람이 보이지 않았다. 두세 명의 간호사와 인턴이 4인용 병실 한 개만 겨우 열어 놓고 있었다.

병원 노조가 파업 중이라고 했다. 며칠 전까지 그저 '소문'일 뿐이었는데, 순식간에 '현실'이 되어 눈앞에 펼쳐지고 있었다. 그 '소문'을 들을 때만 해도 부모들은 '설마…'라고 생각했다. 설마 우리 병동은 아니겠지. 당장 몇 시간 앞 생사도 가늠하지 못하는 아이들이 있는데, 설마 우리 소아암 병동을 폐쇄하면서까지 파업을 하겠어. 설마 중환자실을, 무균실을, 응급실을 다 폐쇄하려고. 어떻게든 거기는 유지하면서 파업을 하겠지. 안 그러면 이 사람들 다 죽으라는 말이잖아. 설마 그러겠어, 사람인데….

그런데 어처구니없게 그 '설마'가 '현실'이 되어 버렸다. 소아암 병동은 물론 중환자실도, 무균실도, 응급실도 문을 닫았다. 소아암 병동은 군의관으로 복무 중이었다가 소식을 듣고 휴가를 낸 전공의와 '아이들을 두고 파업할 수 없다'며 파업 대열에서 이탈한 몇 명의 간호사, 그리고 인턴과 레지던트들이 겨우 문을 열어 놓은 상태였다. 복잡한 처치가 필요하지 않은 아이들이나 간단히 항암제만 맞으면 되는 아이들이 입원 대상이었고, 우리 아이도 그중 하나였다.

입원한 부모들은 아이들을 재워 놓고 병원 휴게실에 모여 다른 아이들의 안부를 물었다. 누구는 간신히 다른 병원으로 옮겨 갔대. 누구는 그냥 집에서 기다리고 있대. 누구는 간호사도 없는 무균실에서 그냥 이식한대. 더 늦출 수가 없다나 봐. 그러다가 누가 "민지가 배가 아프다던데…"라고 말했다. 갑자기 모두 입을 다물었다. 여섯 살 민지는 잘 웃고, 그림 그리기를 좋아하고, 분홍색 뾰족구두를 딸깍거리며 병원 복도를 다니던 귀엽고 예쁜 여자아이였다. 배에 신경모세포종이라는 암이 있었고, 수술로 제거했지만 아직 종양의 흔적이 남아 있어서 26개월째 항암 치료를 받는 중이었다. 그런데 배가 아프다는 건….

2~3일 후 민지가 통증 때문에 입원했다. 아이는 아픈 배를 움켜쥐느라 제대로 서 있지도 못했다. 모든 검사실이 폐쇄된 상태라 의료진은 민지가 조금이라도 통증을 느끼지 않도록 24시간 동안 모

르핀을 맞도록 했다. 민지 엄마는 “이런 상황이 말이 되느냐, 빨리 검사를 해서 조치해야 할 것 아니냐”며 만나는 사람마다 화를 냈지만, 정작 그 말을 들어야 할 사람들은 너무 멀리 있었다. 입원실에 있는 부모들은 뭐라도 해야겠다는 생각에 각자의 인맥을 총동원해 기자들을 불렀고, 파업 때문에 어린 생명들이 위험하다고 말했다. 다음 날 중앙 일간지와 방송에 ‘병원 노조 파업으로 피해 보는 환자들’과 같은 식의 제목으로 기사가 나갔다. 하지만 기사는 현실을 아무것도 바꾸지 못했다. 여전히 파업은 끝날 기미도 보이지 않았고, 민지는 모르핀의 수치를 계속 높여 가야 했다.

우리가 예정된 항암제를 다 맞고 퇴원을 앞둔 마지막 날 밤이었을 것이다. 병원 로비 편의점에서 무언가를 사 오는 중이었다. 텅 빈 로비는 어두컴컴했고, ‘노조는 승리한다’, ‘투쟁으로 ○○○ 쟁취하자’라는 표어가 곳곳에 붙어 있었다. 중앙 현관 쪽 계단에는 파업 당번인 듯한 노조원 예닐곱 명이 빨간 머리띠를 두르고 ‘단결투쟁가’를 애국가 부르듯 지루하게 불렀다. 그중 한 명이 눈에 들어왔다. 파업이 시작되자 치프 레지던트가 “검사라도 접수해야 할 것 아니냐!”며 스테이션에서 격노하며 소리칠 때, 굳은 표정으로 외면했던 소아암 병동 고참 간호사였다. 가슴이 차가워지고 입매가 꼭 다물어지면서 고개가 돌아갔다. 그때 어둡고 널찍해서 더 스산하게 느껴지던 로비 한쪽 구석에서 민지 엄마가 민지를 휠체어에 태워 밀고 오는 모습이 보였다. 민지는 모르핀 기운 때문이었는지 축 늘어져 있었다.

"민지가 배가 아파서 눕지를 못하네…. 휠체어에 앉아서 돌아다니면 좀 나은가 봐…."

슬픔과 분노와 먹먹함과 허무함… 그 모든 것을 담은 눈으로 민지 엄마는 쓸쓸하게 말했다. 민지 엄마가 휠체어를 밀고 천천히 다른 쪽으로 멀어져 가는 뒷모습이 그 표어들과, 노래들과, 머리띠를 질끈 묶은 노조원들의 모습과 합쳐져 한 프레임에 들어왔다.

찰칵.

오랫동안 '절망', '배신', '부조리' 등의 이름으로 가슴 제일 밑바닥에 저장되어 있던 그 장면이 그때 만들어졌다. 지금 다시 떠올려도 명치끝을 둔중한 돌로 한 대 맞은 듯한 통증이 느껴지는 그 장면.

아이가 죽어 가고 있는데, 그들은 처우 개선과 임금 인상 등을 요구하며 파업을 했다. 의사들과 병원 관련자들은 아이들이 죽어 가고 있는 줄 알면서 파업을 해소하려 하지 않았다. 나는 매주 집회와 시위가 열리던 시절에 대학을 다녔다. 그중 병원노련의 파업과 시위도 있었다. 계급, 자본주의, 투쟁, 노동자와 같은 말과 이념을 믿고 그 파업을 지지했다. 세브란스 병원 바로 그 자리에서 노조의 편에 서서 구호를 외친 적도 있다. 나는 그때 그들이 더 나은 사회를 만들기 위해 파업을 한다고 믿었다. 다들 그렇다고 말했기 때문이었고, 정말 그런 줄 알았고, 그들이 억울한 피해자인 줄 알았다.

그런데 속았다. 무지했다. 어느 진영이든 자신의 이득을 높이는 것, 더 큰 힘을 얻는 것이 싸움의 본질적인 목표였다. 가진 돈을 지키고 더 많이 가지고자 하는 돈 많은 사람들이나, 돈이 없으니 공평하지 않다고 더 달라는 사람들이나 '돈'이 최우선의 가치인 점에서는 똑같았다. 돈과 권력 앞에서 생명은 뒷전이었다. 생명을 지키고, 키우고, 아픈 자를 위로하는 공동체성은 그들의 진짜 관심사가 아니었다.

이튿날 우리는 퇴원을 했고, 그로부터 몇 주 후에 파업이 끝났다. 서로 상처뿐인 결과였다고 했다. 민지는 검사를 받았고, 예상대로 암이 재발했으며, 이미 손쓸 수가 없는 지경이었다고 했다. 가을이 깊어지면서 민지는 하늘로 갔다. 엄마들은 각자의 아이들 몰래 장례식장에 모였다. 민지는 하늘로 가기 전에, 병실에서 같이 놀던 여섯 살 남자 친구를 보고 싶다고 부르더니 "○○야, 사랑해", "엄마, 고마워, 사랑해"라고 말했다고 했다. 엄마들은 그 이야기를 듣고 목구멍 속으로 울었다. 민지 엄마는 단 한 방울의 눈물도 흘리지 않았고, 장례식이 끝나자마자 뒤도 안 돌아보고 원래 살던 외국으로 돌아갔다.

민지는 시작이었을 뿐, 본격적으로 찬바람이 불자 파업 기간 동안 방치되었던 아이들이 하나둘 아프더니 매일매일 한 명씩 죽어나갔다. 날마다 "삐삐삐 삐, 코드 블루, 코드 블루, 33병동 코드 블루"라고 방송이 나왔고, 하루가 멀다 하고 부음 문자를 받았다. 백

양로 은행잎이 한차례 바람에도 우수수 떨어져 수북이 쌓이던 계절이었다. 나중에 얼마나 많은 아이들이 떠났는지 헤아려 보려고 이름을 하나하나 적어 본 적이 있다. 50명이 넘어서는 순간 멈추고 노트를 덮었지만.

트라우마를 아이에게만은
물려주고 싶지 않은 엄마들에게

세월호가 침몰했을 때, 저절로 2007년 세브란스 병원 파업이 떠올랐다. 세월호에 대한 기사와 방송을 도저히 제대로 볼 수 없었다. 세월호 이야기만 들어도 그 파업 때 죽어 간 아이들이 자꾸 생각났다. 이름은 가물가물해도 모습은 생생한 그 아이들이 계속 떠올랐다. 아이는 죽어 가는데 병원 노조원들이 붉은 머리띠를 묶고 단결투쟁가를 외치는 장면, 의사들이 어쩔 수 없다며 돌아서던 장면이 도저히 잊히지 않았다. 그래서 노란 리본은 아무 데도 달지 않았다. 세월호 집회는 일부러라도 피해 갔다. 플래카드에는 눈길도 주지 않았다. 분노인지, 슬픔인지, 절망인지, 뭔지 알 수는 없지만 한번 튀어나오면 맞서 다룰 자신이 없었다.

그러나 어디 세상일이 피한다고 피해지던가. 운명인지 팔자인지, 그 파업 중에도, 그 이후에도 몇 번의 고비를 넘어서 살아남은 큰아이가 학교 친구들, 선생님과 함께 매일 실상사 세월호 기도소에 가서 기도한다고 했다. 친구들이 공연을 하니 세월호 추모 행사에도 가자고 했다.

정말 도망치고 싶었다. 다시 그 고통을 만나고 싶지 않았다. 하지만 앞으로 나아가고도 싶었다. 자꾸 가슴을 멍들게 만드는 기억을 놓아 버리고 싶었고, 내 고통을 넘어서 타인의 고통에 가닿고 싶었다. 할 수 있을까? 그래, 어디 부딪쳐 보자. 그런 다음 무슨 일이 일어나는지 지켜보자.

아이가 이끄는 손을 따라 세월호 추모제에 참여했다. 구호가 난무할 줄 알았는데 '있었던 사실'을 담담히 기록한 영상과 노래, 시와 음악이 있었다. 추모제 처음에는 대놓고 분노할 대상이 있는 세월호 부모들이 오히려 부러웠다. 어디서 제대로 화내 보지도 못하고, 울어 보지도 못하고, 아픈 자식을 둔 죄로 말도 제대로 못 하고, 그저 자기 가슴만 멍들도록 펑펑 때렸던 나의 지난날이 지나갔다. 강당에 노래와 춤이 고요히 흐르고, 나는 그 흐름에 그 파업 기간에 하늘로 간 아이들을 맡겼다. 잘 가라 얘들아. 병의 고통 속에서도 빛나게 웃던 아이들아. 눈물과 함께 아이들도 떠나갔다.

비로소 노란빛이 눈에 들어왔다. 더 이상 노란 플래카드가 '단결투쟁가'를 부르던 사람들이 머리에 두른 빨간 띠로 겹쳐 보이지 않았다. 집으로 돌아오면서 어쩌면 이제는 세월호 미수습자를 기리는 노란색을 볼 수 있을 듯했다. 문득, 기억하자고 하는 사람들, 함께 기억하겠다고 애써 주는 사람들이 고마웠다. 그들과 함께 있다면, 못 잊는 자신을 나무라는 일은 최소한 안 해도 되겠구나.

트라우마를 없앨 순 없지만,
트라우마와 자리를 바꿀 수는 있다

나처럼 '잊는' 일이 불가능한 사람들이 있다. 한국전쟁 때 아버지가 보도연맹에 얻어맞아 패혈증으로 죽는 걸 목격한 소년은 절대로 '보수'가 아닌 후보에게 표를 줄 수가 없다. 자신의 고통 때문에 다른 이의 아픔을 보지 못하기 때문이다. 그들은 고통의 굴레를 뒤집어쓰고, 그 시선으로 세상을 보는 사람들이다.

너무 큰 고통은 '트라우마'라는 이름으로 몸 이곳저곳에서 살아간다고 한다. 칼에 베이어 피가 뚝뚝 흐르는 상처와 통증을 단지 생각과 관점을 바꾸는 것으로 없앨 수 없듯이, 몸에 깊게 새겨진 정신적인 상흔 역시 '그러지 말아야지'와 같은 결심으로 사라지지 않는다.

트라우마를 피하는 것은 가능하지 않다. 넘어서는 것도 불가능하다. 하지만 트라우마와 자리를 바꿀 수는 있다. 내 위에 서서 내 삶의 주인으로 군림했던 트라우마를 끌어내리고, 그 위에 설 수 있다. 물론 단번에, 쉽게 되지는 않는다. 그러나 가능하다. 한 걸음씩 트라우마의 반대 쪽으로 움직인다면, 어느새 트라우마에게 조종당했던 모습은 점점 사라지게 된다.

대한민국은 트라우마의 나라다. 개인의 삶에서도, 가족 안에서도, 사회에서도 트라우마의 그물망은 촘촘해서, 크든 작든 트라우마가 없는 사람은 없다. 그래서 트라우마가 있다는 것이 한 사람에게 치명적인 약점이 되지는 않다. 다만 엄마의 자리에 서 있다면,

당신 앞에 아이가 있다면, 트라우마에 잡아먹히는 것은 최대한 조심해야 한다. 왜냐하면 아이에게 그 트라우마가 대물림될 수 있기 때문이다. 트라우마로 우울감이 심한 엄마는 자기도 모르게 '우울하게 세상을 보는 법'을 아이에게 전해 준다. 불안감이 심한 엄마 밑에서 자란 아이는 '세상은 무섭고 안전하지 않다'는 걸 배운다. 엄마가 자신의 트라우마를 정면으로 바라보고 트라우마를 주인의 자리에서 끌어내리지 않으면, 그 트라우마는 부지불식간에 아이의 삶을 피폐하게 만들 수 있다. 트라우마를 피할 수는 없지만, 엄마라면 어떻게든 필사적으로 다루고 넘어가야 하는 이유가 여기에 있다.

06

유머러스한 엄마는 절대로 아이와 틀어지지 않는다

"인생은 가까이서 보면 비극이지만, 멀리서 보면 희극이다."

유명한 영국 희극 배우 찰리 채플린의 말이다. 힘들고 절망스러운 일도 거리를 두고 보면 별일 아니며, 웃을 만한 부분이 있다는 소리다. 겉으로는 화려하고 행복해 보이는 사람도 막상 속내를 들여다보면 좌절과 고통을 안고 있다. 거꾸로 생각하면, 겉으로 보기에 암울한 일도 들어가 겪어 보면 할 만하고, 나름대로 재미가 있다는 이야기도 된다.

사람들은 아픈 아이를 둔 엄마들의 생활이 불행과 괴로움, 슬픔으로 가득 차 있을 거라고 짐작한다. 물론 진단을 받을 때는 하늘이 무너지고 앞이 캄캄하다. 그러나 막상 치료가 시작되면 아이 엄마들은 보통과 다름없는 일상을 보낸다. 맛있는 음식을 먹으며 즐거워하고, TV 개그 프로그램을 보면서 깔깔 웃고, 말 안 듣는 아이와 실랑이한다.

어른들은 그렇지 않다. 어른들은 지금 당장 몸에 통증이 없는데도 '내가 암에 걸렸다'는 생각만으로 삶의 순간을 비극으로 채운다. 첫 항암 치료로 입원 중일 때, 아이를 휠체어에 태우고 성인 암 병동을 지나간 적이 있었다. 휠체어를 밀면서 병동 문을 밀치고 들어갔는데, 미처 그 문을 꼭 닫지 못했다. 2월의 찬바람이 열린 문틈으로 들어왔다. "문 닫아!" 휠체어를 돌리면서 잠깐 머뭇거리자 복도에 나와 앉아 있던 민머리의 성인 암 환자들이 눈을 부라리며 내게 소리를 질렀다. 그들이 보기에 우리 아이는 빽빽한 검은 머리, 휠체어를 타는 게 재미있어 죽겠다는 표정의 보통 아이였고, '감히' 암 병동의 문을 버릇없이 연 개구쟁이였다. 아마 아이가 암을 진단받고 항암 치료 중이라고는 짐작조차 못 했을 것이다. "네, 죄송해요." 나는 급히 문을 닫고, 성인 암 병동 복도를 서둘러 지나갔다. 병동 분위기가 숨이 막힐 듯 답답했다. 생기 있는 목소리 하나 들리지 않았다. 병동 전체가 죽음을 기다리고 있는 듯했다.

그에 반해 소아암 병동은 대체로 어수선하고 종종 떠들썩했다. 통증만 없으면 아이들은 병원을 놀이터 삼아 웃고 떠들고 놀았다. 항암제를 투여받기 위해 입원하면 작은 항암 링겔병을 딸랑딸랑 매단 채, 폴대를 밀고 복도를 노닐었다. 엄마들은 아이들이 놀겠다고 하면 어떻게든 놀게 해 주었다. 즐겁게 논 아이들이 항암제 부작용도 적고 회복도 빨랐다. 큰아이는 병문안 온 내 후배에게 화투를 치자고 조르기도 했다. 항암제를 맞으면서 병상 커튼을 꼭꼭 닫고 간호사 몰래 화투를 쳤다. 소아암 병동에서 들리는 "피박에 쓰리고~"라는 소리에 의료진들은 "어허~ 이러면 안 되지~"라고 짐짓 엄하게 말했지만, 부모와 눈빛을 교환하며 아이가 놀고 있는 것만으로도 안심했다.

유머는 '삶에 대한 열정'의 다른 이름이다

아이를 웃게 하기 위해서는 엄마가 삶에 대해 열정을 가지고 먼저 웃어야 했다. 내가 그 사실을 깨달은 것은 윤식이네를 통해서였다. 병원에서 오래 지내다 보면 삶의 실제 모습이 드라마나 영화보다 훨씬 극적이라는 걸 실감한다. 특히 소아암 병동은 자식을 잃는 일이 언제 어떻게 닥칠지 모르는 곳이라, 각자의 삶이 모두 드라마였다. 그중 윤식이네는 특히 사연이 많았다.

윤식이는 중학교 3학년 때 골육종이라는 암에 걸렸다. 암을 잘라내는 수술도 했고, 항암 치료로도 모자라 '자가이식'까지 마쳤다. 윤식이가 길고 험한 치료 과정을 거치는 동안 곁을 지키던 사람은 엄마가 아니라 윤식이보다 다섯 살이 많은 누나였다. 20대 초반의 발랄한 아가씨가 젊은 엄마 못지않게 씩씩하고 싹싹하게 보호자 노릇을 하는 모습을 보고, 의료진도 엄마들도 모두 그 누나를 기특하다며 예뻐했다. 왜 엄마나 아빠가 돌보지 않는지는 굳이 묻지 않았다.

자가이식을 하고 몇 달 후에 윤식이는 배가 아프다며 다시 입원했다. 재발이었고, 한두 달 만에 속수무책으로 암이 커져 버렸다. 여기저기로 암이 전이되었고, 의료진은 방법이 없다며 손을 들었다. 할 수 있는 건 통증 조절뿐이었다. 그런데 윤식이 옆에 누나 말고 보호자 한 명이 더 있었다. 윤식이가 어렸을 때 헤어졌다는 엄마였다. 윤식이의 생이 얼마 남지 않았으므로 누군가가 수소문하여 엄마에게 연락했고, 이미 다른 가정을 꾸린 엄마가 자식의 마지막 가는 길을 지키겠다고 찾아온 거였다. 암 환자를 간호하는 것이 능숙한 누나에 비해 엄마는 당연히 서툴렀다. 누나는 윤식이의 작은 기척만 보고도 물을 주고, 자세를 바꾸고, 땀을 닦는 등 각종 처치를 하는데, 엄마는 거의 하는 일이 없었다. 누나는 종종 그런 엄마가 불만스러운 듯 보였으나 엄마는 더 열심히 간호하지도, 더 애틋한 감정을 표현하지도 않고 무표정하게 병실을 지켰다.

어느 날, 휴게실에서 작은 이벤트가 벌어졌다. 윤식이 엄마가 '야매'로 눈썹 문신을 하는 사람이라는 사실이 알려져, 장기 입원 중인 보호자들이 하나둘씩 그 엄마에게 눈썹 문신을 해 달라고 했고, 윤식이 엄마는 시술 기구를 마련해 은밀하게 '판'을 벌인 것이다. 마침 윤식이 옆 병실이 비어 있어서 엄마들은 그곳에 삼삼오오 모여 '시술'을 받았다. 어떤 엄마들은 바로 옆에서는 아이가 오늘 내일을 다투고 있는데, 엄마들은 한가롭게 눈썹 문신이나 시술받는 것이 도통 이해가 가지 않는 듯 혀를 끌끌 찼지만, 시술을 받는 엄마들은 개의치 않았다. 못마땅하게 생각하는 엄마들은 대개 진단을 받은 지 얼마 되지 않은 '신참'이었고, 눈썹 문신 이벤트에 참여한 엄마들은 1년 가까이 투병 생활을 이어 가는 '고참'이었는데, 그들은 자식의 죽음을 눈앞에 둔 엄마일지라도 '삶'의 한 자락을 포기해서는 안 된다는 걸 알고 있었다. 눈썹 문신 이벤트는 당장 내일 죽음이 찾아온다 해도 '지금 살아 있음'을 축하하기 위한 엄마들의 필사적인 안간힘이었다.

시술이 벌어지고 있는 빈 작은 병상은 깔깔거리는 소리가 가득 찼다. 시술을 마친 엄마들은 차례로 윤식이 방에 들어가 "윤식아, 너희 엄마 진짜 이거 잘하신다. 하나도 안 아파. 완전 전문가야. 아줌마 어때? 좀 젊어 보이니?" 하고 너스레를 떨었다. 윤식이 엄마는 조금은 쑥스러운 듯, 조금은 자랑스러운 듯 윤식이를 보고 웃었고, 나는 그때 호흡기 너머로 윤식이가 희미하게 웃는 것을 보았다. 서로 나눠 가진 기억이 많지 않은 서먹한 엄마와 아들이 호흡기를 사이에 두고 눈을 맞추고 웃는 장면이 오래도록 기억에 남았다. 그로부터 며칠 후 윤식이는 엄마 옆에서 편안하게 하늘로 갔다.

불운과 불행 속에서도 아이와 함께 웃을 줄 아는 엄마가 되고 싶다

엄마가 길러야 할 육아의 기술을 단 하나만 꼽으라고 한다면, 나는 주저하지 않고 유머를 꼽겠다. 인생의 장면은 기쁨과 슬픔, 희망과 절망, 새로운 것과 지나간 것을 모두 포함한다. 보통 우리의 시선과 마음은 슬픔과 절망, 지나간 것에 묶여 있게 마련이다. 유머는 슬픔에서 기쁨을, 절망에서 희망을, 지나간 것에서 새로운 것을 발견하고자 하는 강렬한 의지며, 삶을 생기 있게 만드는 힘이다.

슬픈 이야기를 유머로 버무리는 데 탁월한 강사인 김창옥 씨는 한 인터뷰에서 이렇게 말했다.

"유머Humor라는 말이 휴먼Human에서 왔다고 해요. 그리고 흐르다, 반전이라는 뜻을 가지고 있대요. 그러니까 힘들 때 필요한 게 유머인 거죠. 웃길 때 필요한 게 유머가 아니고요. 정말 힘들고 '이게 끝이다' 싶을 때 삶을 반전할 필요가 있잖아요. 그때 유머가 필요하거든요." 아일랜드의 시인 윌리엄 예이츠도 이렇게 썼다. "나는 나의 문제가 죽음과 마주하는 것이라고 생각했다. 이제 나는 알았다. 문제는 삶과 마주하는 것이라는 걸"이라고.

나는 윤식이가 생의 마지막을 맞이하던 그때의 장면을 어처구니없는 비극적 상황이 아니라, 유쾌하고 생기 넘치는 삶의 한 장면으로 기억한다. 그리고 그 장면을 통해 엄마란 어떤 상황에서도 삶의 감각을 잃지 않는 사람이어야 한다는 것, 슬픔의 바닥에서도 반전의 웃음을 길어 올리는 사람이어야 한다는 것을 배웠다.

아기를 보살피는 일은 고된 노동에 가깝지만 아기가 한번 웃으면 모든 시름이 녹는다. 아이와 함께 있으면 생활의 어둡고 남루한 흔적에서도 달콤한 웃음이 묻어 난다. 엄마는 아이의 웃음을 찾아 피워 내는 사람이다. 그리고 유머는 '지금' 삶을 얼마나 강렬하게 느끼는가에 대한 이야기며, 엄마야말로 자신의 삶을 힘껏 살아 냄으로써 생명을 살리는 존재여야 한다. 그럴 때만 아이 역시 사는 동안에 피해 갈 수 없는 불운과 불행 앞에서도 주저앉지 않고, 웃으면서 삶을 긍정할 줄 아는 사람이 된다. 엄마가 아이에게 반드시 가르쳐야 할 삶의 기술이 바로 이것이다.

07

—

앞이 보이지 않을 땐, 그저 아이의 생명력을 믿는다

갓 태어난 아이는 무력하다. 혼자서는 살아남을 수 없는 존재다. 그러나 아이들은 내일 죽을지언정 '오늘'을 최대치로 산다. 부정적인 것도 순식간에 받아들이고, 삶을 긍정적인 것으로 바꾸어 낸다. 나는 아이들에게서 더없이 소중한 삶의 교훈 두 가지를 배웠다.

하나,
후회 없이 사랑하는 법

'하우스'라는 미국 드라마가 있다. 여러 에피소드 중에서 말기 소아암 환아가 주인공으로 나오는 편을 본 적이 있다. 드라마를 이끌어 가는 주인공인 의사 그레고리 하우스는 내일 죽어도 이상하지 않을 아이가 기적처럼 생명을 이어 가는 것을 의아하게 생각한다.

여러 검사 결과들은 소녀를 '금방 죽을 아이'라고 말해 주는데, 정작 아이는 평안하고 담담한 모습으로 슬퍼하는 어른들을 위로한다. 겨우 아홉 살밖에 안 된 아이가 고통이나 죽음 앞에서 지나치게 어른스러운 모습을 보이는 이유가 혹시 뇌에 종양이 전이되었기 때문은 아닌지 의심한 하우스는 소녀의 성숙함이 '비정상'이라는 증거를 찾기 위해 노력하지만 끝내 실패한다. 하우스는 소녀에게 위험한 시술을 제안한다. 성공한다 해도 고작 1년만 삶을 연장할 수 있는 시술. 시술 도중에 사망할 수도 있고, 새로 얻은 1년의 삶도 고통 없는 완전한 삶은 아닐 터였다. 위험을 알면서도 소녀가 시술을 받겠다고 결정하자, 하우스는 전날 밤 병실에 찾아가 아이에게 냉혹하게 묻는다.

"너, 어차피 죽을 거 알잖아. 나 같으면 고통을 빨리 끝내고 죽을 텐데, 고작 1년을 위해 이 시술을 받는 이유가 뭐냐? 시술이 겁나지 않니?"

아이는 그제야 눈물을 흘리며 시술받기가 겁나고 두렵다고 말한다. 가끔 죽는 게 나을 거라는 생각도 한다고 말한다. 그럼에도 위험을 감수하는 이유를 아이는 이렇게 설명한다.

"엄마가 제가 더 머물기를 원하세요. 이건 제가 엄마에게 드리는 사랑이에요."

내리사랑은 있어도 치사랑은 없다고 한다. 어머니가 자식에게 흘려보내는 사랑이 그 반대보다 훨씬 크다는 말이다. 그러나 이건 자기 가정을 일군 성인 자식에게나 맞는 말이다. 어린아이는 그렇지 않다. 아이는 엄마를 위해서라면 자신의 아픔과 고통 따위는 아랑곳하지 않는다. 엄마가 웃는다면 자기 몸 다치는 줄도 모르고 똥 밭에서도 구르는 게 아이다.

작은아이가 아직 기어 다닐 때, 나는 워킹맘이었다. 모유 수유 중이라 사무실에서 두어 번 유축을 하고, 아침 저녁으로는 젖을 물렸다. 퇴근할 때쯤 되면 젖이 퉁퉁 불었는데, 내가 현관문을 열고 들어서면 거실 저 끝에 있던 아이가 말 그대로 젖 먹던 힘을 다해서 열렬하게 기어 왔다. 마치 이 세상에 저와 나밖에 없는 듯 엄마를 향해 돌진하는 아이. 내가 이렇게 사랑받아 본 적 있었던가? 이렇게 자신의 모든 걸 걸고 나를 사랑하는 사람이 있었던가? 오로지 '엄마'라는 이유로 아이가 보내는 그 열렬한 사랑을 받으며, 어쩌면 아이는 사랑을 달라고 태어난 게 아니라, 사랑하는 법을 엄마에게 알려 주러 태어나는지도 모른다는 생각을 했다. 같이 밥을 먹고, 같이 TV를 보고, 같이 웃고 우는 일. 사랑을 주고 사랑을 받고, 사랑을 나누는 일을 아이가 가르쳐 주었다.

둘,
지금 이 순간의 삶을 충만하게 즐기는 법

아이는 엄마를 사랑하는 만큼, 삶도 사랑한다. 아이들에게 삶은 즐기는 것이다. 어떤 고난에서도 아이들은 기쁨과 즐거움을 찾아낸다.

아이가 시력을 잃었을 때, 나는 매 순간 전전긍긍했다. 아이가 책이나 컴퓨터에 코를 박고 빠져 있으면 그러다 눈이 더 나빠진다고, 그만하라고 잔소리했고, 아이가 어디까지 볼 수 있는지를 확인하고 싶어서 안 보는 척 아이의 행동을 살폈다. 아이가 닭볶음탕과 제육볶음을 구별하지 못하거나, 버스 번호판과 엘리베이터 층수를 읽지 못한다는 것을 알았을 때, 절망했다. 마치 불행하기로 결심하고 불행의 증거를 수집하는 사람 같았다.

아이는 달랐다. 병원에 입원해서 비로소 처음으로 컴퓨터 게임을 접한 아이는 못마땅해 하는 내게 이렇게 말했다.

"엄마, 이 게임 진짜 재미있어. 나는 병에 걸려서 시력을 잃었지만 게임을 얻었어. 병원에 들어오지 않았다면 엄마는 내가 게임 못하게 했을 거 아냐?"

게임과 시력을 바꾸어서 행복하다니. 아이다운 천진하고 어리석은 생각이라 여겼다. 얼마나 게임이 '중독적'으로 재미있으면 이렇게 말할까 싶기도 했다. 그러나 아이의 긍정적인 태도는 '게임'이기 때문이 아니었다.

지리산으로 내려온 지 세 달쯤 되었을 때, 동네 아이들과 근처 백무동 계곡에 놀러 간 적이 있다. 잘 보지 못하는 아이가 계곡에서 미끄러지거나 넘어지지 않을까 하고 걱정했는데, 아이는 의외로 다른 아이들 못지않게 잘 올라갔고, 내려갈 때는 나무 막대기 두 개를 찾아서 나름대로 발 움직임을 조절해 가며 혼자서 잘 내려갔다. 계곡 물놀이가 끝나고 참외와 수박을 먹으려고 깎고 있는데, 아이가 참외를 가리키며 물었다.

"엄마, 저거 오렌지야? 귤이야?"

같이 갔던 두 살 많은 형들이 마구 웃음을 터뜨리며 "애는 똑똑하게 말은 잘하는데, 한글은 빵점이다. 저게 참외지 오렌지냐?" 하고 깔깔댔다.

그때 아이가 담담히 말했다.

"잘 안 보여서 그래."

"그게 안 보여? 봐, 보이잖아. 어떻게 저게 안 보이냐?" 한 아이가 말하니 그제야 다른 아이가 그랬다. "아, 맞다. 쟤 잘 안 보인다더라." 그리고 아무 일 없었던 듯 그 상황이 지나갔다.

오히려 상처가 남은 건 엄마인 나였다. 자꾸 신경이 쓰여 집에 돌아와 아이에게 물었다.

"아까 형들이 놀릴 때 기분 나쁘지 않았어?"

"아니. 전~~~혀."

"왜?"

"워낙 많이 일어나는 일이라서."

"그럼 그런 일 처음 당했을 때는 속상했었어?"

"아니. 그냥 잘 안 보인다고 설명해 주면 돼."

아이는 정말 아무렇지 않아 보였다.

빈 논두렁에 메뚜기를 잡으러 가서도 그랬다. 아이는 연신 헛손질이었다. 보다 못한 내가 가서 "메뚜기 저기 있다"라고 가르쳐 주면, 아이는 낮은 포복 자세로 가만히 있다가 재빨리 휙 손을 날렸다. 그래도 메뚜기는 금방 뛰어가 버렸다. 페트병에 메뚜기를 가득 채운 다른 아이들이 날이 어두워진다고 집에 가자고 하는데, 아이는 좀처럼 논에서 나오려 하지 않았다. 더 잡고 싶다고 했다.

"잘 보이지도 않는데, 그냥 집에 가자. 힘들잖아." 내가 재촉하자 아이는 활짝 웃으며 말했다. "엄마, 소리로 잡으면 돼. 한 발 딱 옮기면 후드득 소리가 나거든. 그 소리를 잘 듣고 있다가 그쪽으로 딱 굽혀서 잡으면 돼. 세 마리나 잡았잖아." 마치 눈이 안 보여서 더 재미있다는 듯이 말이다.

아이는 '나만 왜 그래?' 하는 억울함과 화남 없이, '나 좀 알아 주지' 하는 기대와 욕심 없이, 할 수 없는 건 있는 그대로 순하게 받아들이고, 할 수 있는 건 있는 힘껏 즐긴다. 아이는 보이든 보이지 않든, 자기가 어떤 처지이든 삶의 즐거움을 놓치지 않는다. 그게 아이가 사는 법이다. 지금 누릴 수 있는 삶의 즐거움보다 잃은 것을 그리워하고 슬퍼하며, 앞으로 더 갖지 못할까 봐 불안해 하는 '엄마'라는 사람은, 그러니 아이에게 배울 일이다. 가장 큰 스승은 아이다.

08

세상이 뭐라 하든, 엄마로서의 자신감은 잃지 않는다

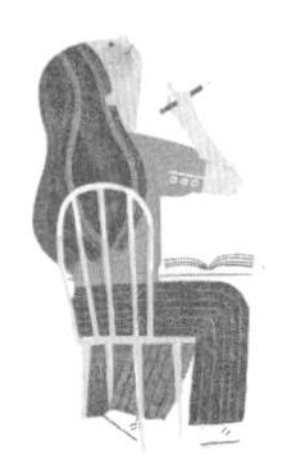

엄마라면 누구나 육아책 한 권쯤은 가지고 있을 것이다. 책에는 아이가 자라면서 밟게 되는 발달 과정들이 '정상'과 '표준'이라는 이름으로 빼곡하게 실려 있다. 만 2세가 되면 두 단어 이상은 말해야 '정상' 기준에 들어가며, 다섯 살 때는 그림을 그릴 수 있어야 한다, 학교에 들어가기 전에는 한글을 읽고 쓸 수 있어야 하며, 저학년 때 악기 하나, 체육 활동 하나는 해야 한다 등등이 그것이다.

육아지 기자로 일했던 나는 어떤 게 '정상'이고 '표준'인지 비교적 잘 알고 있었다. 그런데 나는 '그 지식들은 어떻게 만들어졌으며 얼마나 믿을 만한가?', '그 지식들은 실제로 아이를 '잘' 키우는 데 얼마나 도움이 되는가?' 같은 질문들은 한 번도 해 보지 않았다. 오히려 그 '정상'과 '표준'을 아이를 채찍질하는 잣대로 삼았다. 내심으로는 '정상'과 '표준'을 뛰어넘어 특별한 1%가 되길 바랐다.

정상, 표준, 확률이라는 단어에 현혹되지 말아야 하는 이유

아이가 암을 진단받고 처음으로 소아암 병동에 입원했을 때였다. 쾌적하고 넓은 어린이 병원에서 낡고 후미진 뒷건물의 소아암 병동으로 침대째 덜덜덜 옮겨졌을 때, 나는 솔직히 너무나 무서웠다. 민머리에 환자복을 입은 아이들이 가득한 공간. 살면서 한 번도 마주하지 않았던 광경. 일부러 찾지 않으면 절대로 눈에 띌 일 없는 은폐된 공간에서 나와 아이의 삶이 앞으로 어떻게 펼쳐질지 도무지 알 수가 없었다.

창가 옆 침대를 배정받고 반쯤 넋이 나간 채 병실 주변을 정리하고 있는데, 앞 침대에서 무표정하게 컴퓨터를 하던 아이의 엄마가 말을 걸었다.

"지금 진단받으셨어요?"

"네."

"뭐래요?"

"림프종이래요. 뇌에 림프종이 생겼다고…."

"아, 그거 잘 나아요. 치료 잘될 거예요."

무심한 듯 툭 던진 말이 머리를 때리며 나를 제정신으로 돌아오게 했다.

"치료가 잘된다고요?"

"림프종이랑 백혈병은 잘 치료돼요. 하라는 대로 하면 돼요."

마치 감기나 피부병 말하듯 아무렇지 않게 던져진 말이 비극의 한가운데서 헤매던 내게는 어색하고 낯설었다.

"뇌에 림프종이 생기는 건 드문 경우라 5년 생존율이 5%라던데…."

"그 확률 같은 거 믿지 마세요."

"네?"

"살 확률이 99%라고 해도 내가 나머지 1%에 속하면, 그게 내게는 100%인 거예요. 지금 5%라고 하지만, 살아남으면 아이에게는 100% 생존율인 거잖아요."

도대체 무슨 소리인가 싶어 눈만 껌벅이는 내게 그 엄마는 마지막 한마디를 덧붙였다.

"확률 그런 거 생각하지 말고 애 잘 보세요. 보니까 애가 명랑하니 치료 잘 되겠네."

나중에 알고 보니 그 엄마는 아이가 초등 2학년 때 백혈병으로 진단받았는데, 3년간의 치료가 끝나자마자 재발하여 막 입원한 경우였다. 실제로 몇 년간 병원 생활을 해 보니, 치료가 아무리 잘되는 경우라 하더라도 잘못되는 일이 생겼고, 도저히 회복하지 못할 것처럼 심각한 경우라도 기적처럼 살아나 멋진 삶을 살기도 했다. 우리 아이도 5년 생존율 5%를 넘어 10년째 살아 있으니, 우리 가족 입장에서는 100%의 생존율일 것이다. 확률은 종이에나 적힌 숫자일 뿐, 실제의 삶과는 아무런 관계가 없었다. 그 엄마는 오랫동안 간병하며 경험에서 얻은 지혜를 내게 알려 준 것이다.

발달 검사가 아이 발달에 별 도움이 안 되는 까닭

언어심리상담센터에서 일하면서, 나는 아이들을 대상으로 꽤 많은 검사를 한다. 지능검사, 발달 검사, 언어 검사 등 대부분의 검사들은 '표준화'된 검사로 불리는데, 이 검사를 실시하면 아이들의 발달 상태가 어떤 기준에서 얼마나 뒤떨어졌는지를 알 수 있다. 검사 보고서에는 '만 5세 아이가 4세 수준의 발달을 보이고 있다'와 같이 진술하기도 한다. 그렇게 쓸 수 있는 근거는 4세 아이의 75% 이상이 보이고 있는 어떤 행동을 그 아이가 보이지 않고 있기 때문이다. 예컨대, 4세 아이들의 대부분이 '~하니까 ~한다'처럼 이유와 원인을 나타내는 복문을 표현하는데, 그것을 하지 못하면 그 아이는 '지체'되었다고 판단하는 것이다.

그러나 이런 시각으로 아이를 보는 것은 누구에게도 크게 도움이 되지 않는다. 만약 아이가 4세인데도 그런 표현을 하지 못한다면, 아이의 발달을 돕기 위해서 필요한 것은 지금 아이가 할 수 있는 수준에서 조금 더 어려운 것을 보여 주고 함께 해 보는 일이지, '1년 이상 뒤처져 있다', '평균보다 30% 떨어진다'와 같은 '진단'이 아니다. 게다가 (자폐성 장애나 중도 지적장애와 같이) 특별한 도움을 필요로 하는 아이들이 아니라면, 대개의 아이들은 자신의 방법과 속도대로 배움을 일구어 나간다. 발음도 좋지 않고 언어 발달도 지체된 아이와 몇 번 신나게 놀다 보면, 어느새 아이의 언어도 발달하고 발음도 저절로 좋아진다. 그래서 나는 아이와 무엇을 할 것인가를 결정하기 위해서가 아니라면 검사를 적극적으로 하지 않는다. 발달이 늦은 아이는 굳이 검사하지 않아도 '늦다'는 사실을 알 수 있기 때문이다. 굳이 '또래 아이 평균 수준보다 30% 뒤떨어져 있다'는 것을 안들, 무엇이 바뀌는가. 아이는 치료를 받건 받지 않건, 자신의 속도와 방법대로 자라날 텐데 말이다.

육아서에 나온 이야기라고 무조건 따르지 마라

육아서는 아이를 잘 기르기 위한 여러 가지 방법과 지침을 알려준다. 만 3세까지는 아이의 손을 놓치지 말라고도 하고, 아이의 감정을 잘 읽어 주라고도 한다. 공부보다 놀이가 더 중요하다고도 하고, 엄마가 말하는 내용과 방법에 따라서 아이의 인생이 달라진다고 얘기하기도 한다. 친구 같은 아빠가 되라고도 하고, 따뜻함이 제일 중요하다고도 한다. 프랑스, 핀란드, 덴마크 등 유럽의 육아법을 배워야 한다며, 아이를 확실하고 단단하게 훈육해서 자율성을 길러줘야 한다고도 한다.

하나하나 살펴보면 전부 맞는 이야기들이다. 그런데 그 지침들을 한데 놓고 보면 서로 반대의 이야기를 하는 듯한 경우도 생긴다. 그 이유는 이 모든 육아 지침은 '확률적'으로만 옳기 때문이다. 그 어떤 육아 지침도 내 아이에게 전적으로, 모든 순간에 딱 들어맞을 수는 없다. 육아서에서 제시하는 '표준'은 그저 많은 사람들이 그러한 발달 과정을 겪는다는 '통계'일 뿐이다. 내 아이가 맨 끝 1%에 속한다면 나머지 99%의 이야기는 그다지 참고할 것이 없다.

육아 지침들이 진정 중요해지는 지점은 한 부모와 한 아이가 처해 있는 '맥락'에서다. 기질이 소심하여 자신의 욕구와 기분을 잘 표현하지 못하는 아이가 유치원에서 친구를 때리고 왔다면, 공격적인 행동에 집중할 게 아니라, 아이가 드디어 자기표현을 했다는 걸 먼저 기뻐해야 한다. 그러나 늘 친구들과 트러블을 일으키는 아이가 계속 싸움을 한다면, 행동의 원인과 아이의 욕구를 알아보는 데 집중하는 것이 맞다. 같은 싸움이라도 아이의 심리적인 맥락과 환경적인 맥락이 어떤지 살펴보고, 그에 따라 대처가 달라져야 하는 것이다. 또한 부모의 맥락도 아이의 맥락 못지않게 중요하다. 만약 부모가 예의를 중요하게 생각하거나 감정의 표현보다는 절제를 더 중요하게 여긴다면, 아이에게 자기표현보다 사회적으로 적합한 태도로 행동하는 것을 강조해야 한다. 절대적으로 옳은 가치는 그 어디에도 없으며, 엄마가 중요하게 생각하는 원칙대로 아이를 키우는 것이 나쁜 일일 리 없다.

아이에게 적합한 육아법은
엄마인 당신이 가장 잘 안다

그렇다면 내 아이에게 맞는 원칙을 어떻게 찾을 것인가? 나는 다음 두 가지 방법을 권한다. 하나는 삶의 지향이 비슷하고 특별한 경험을 공유할 수 있는 믿을 만한 선배 엄마에게 물어보는 것이다. 나는 아이가 저시력 시각 장애를 갖게 되었을 때, 병원에서 만난 선배 엄마 중에서 항암 치료 후유증으로 전맹이 된 아이를 둔 언니를 마음속의 멘토로 삼았다. 나의 불안과 두려움, 기대와 희망을 누구보다 잘 알고 있으며, 무엇보다 나보다 먼저 비슷한 길을 갔기 때문에, 아이의 진로나 엄마의 역할을 고민할 때 수시로 그 언니의 의견을 참고했고, 마음의 위안뿐 아니라 실질적인 조언도 많이 얻었다.

또 하나의 방법은 내면의 본능에 묻는 것이다. 나는 인간의 마음 어느 구석에는 '옳은 길'이 무엇인지를 아는 능력이 있다고 믿는다. 우리 자신이 생명이므로, 누구나 본능적으로 생명을 살리는 길이 무엇인지를 알고 있다. 아이를 지금 훈육해야 하는지, 격려해야 하는지 혹은 이 장난감을 사야 할지, 저 학원을 보내야 할지를 고민할 때, 잠시 멈춰서 '무엇이 이 아이를, 이 생명을 살리는 일인가?'를 물으면 답은 저절로 떠오른다. 왜냐하면 우리는 엄마기 때문이다. 아이에게 성장호르몬을 맞추기로 했을 때도, 맞추지 않기로 했을 때도 나는 이 질문을 했고, 그 답은 각각 달랐지만 모두 당시 상황에 맞는 옳은 답이었다고 믿는다.

아이를 키우는 데 마법의 교육법, 마법의 육아법은 없다. 그저 아이는 '지금 여기'를 살아가는 엄마의 삶의 태도를 배울 뿐이다. 육아서를 뒤적일 시간에, 지금 있는 곳에서 중심을 들여다보는 힘을 기르는 것이 더 낫다. 육아서는 '정상'과 '표준'이라는 이름의 환상일 뿐이며, '전문가'라는 이름으로 당신의 엄마 본능을 갉아먹는 외부의 비판자일 수 있다. 아이와 당신의 맥락은 엄마인 당신이 가장 잘 알고 있으며, 마지막으로 판단하고 실행하는 사람 역시 엄마인 당신이라는 사실을 잊지 말길 바란다.

1. 할 일이 너무나 많은데 도와달라는 말을 못 하겠다면

'힘들다', '모른다'는 말은 부끄러운 말이 아닙니다

엄마가 하는 일이 100% 사랑이 넘치고 고귀하지는 않습니다. 사실 엄마가 하는 일의 대부분은 먹이고, 재우고, 안고, 놀아 주고, 달래 주는 '보육 노동'으로 채워져 있습니다. 마음만으로 할 수 있는 일이 아니라, 몸으로 부딪히고 일구어 내야 하는 극한의 물리적인 노동인 것입니다.

엄마들은 이 극한의 노동이 모두 처음인 사람들입니다. 왜 아이 똥이 이유 없이 묽어지는지, 내 몸은 언제 회복이 되는지, 가끔 너무나 우울한데 그래도 괜찮은지… 아무도 알려 주지 않은 상태에서 '엄마'가 됩니다. 그러므로 모르는 것은 당연합니다. 극한 노동이니 힘든 것도 당연합니다. 그러니 '힘들다', '모른다'는 것을 부끄러워할 필요가 없습니다. 엄마의 몸을 통해 세상에 나왔지만 아이는 엄밀히 말해 엄마와 독립된 존재며, 아이를 돌보는 사람이 꼭 엄마일 필요는 없습니다. 당당하게 말해도 됩니다. 당신은 힘들고, 모른다는 사실을요.

먼저 손을 내밀어 보세요

처음 엄마가 된 여성들의 손에는 어느새 누가 쥐어 줬는지도 모르는 '꼭 해야 할 일' 목록이 들려져 있습니다. 어떤 엄마들은 이 목록을 들고 '다 할 수 있어', '다 해내고야 말 거야', '좋은 엄마가 되려면 이 정도는 해야 해' 하며 의지를 불태웁니다.

이처럼 도와달라고 말하기를 어려워하는 엄마들은 자신의 능력이나 존재의 의미를 증명하고 싶은 건 아닌지 점검해 볼 필요가 있습니다. 아이를 통해 엄마의 능력을 보이려고 하는 것은 엄마에게도, 아이에게도 불행한 일입니다. 아이와 엄마의 진짜 모습은 온데간데없이 사라지고 성과나 능력만 남게 되며, 엄마는 자신의 약한 지점을 부끄러워해서 자꾸만 감추려고 할 테니까요.

자신의 약점이나 단점을 들켜선 안 된다고 생각하는 사람들이 있습니다. 그들은 꼭꼭 숨겨 둔 약점을 알게 되면 모두가 자신을 떠날 거라 철석같이 믿습니다. 그래서 '나는 이만한 사람이야'라며 끊임없이 자기 가치를 증명하려 듭니다. 그러나 이런 노력은 결코 끝나지 않습니다. 오히려 이런 노력이 성공할수록 약점을 들켜선 안 된다는 생각만 강화될 뿐입니다.

따라서 도와달라고 말하는 것이 오히려 약점을 드러냄으로써 강해지는 길입니다. "도와달라"고 입을 떼기가 어렵더라도 그 말을 쉽게 할 수 있으려면 자꾸 해 보는 수밖에 없습니다. "잘 모르겠어요", "너무 힘들어요", "부탁입니다"라는 말을 했을 때 과연 내 안에서 어떤 일이 벌어지는지, 그 말을 통해 사람들과 어떻게 연결되는지를 직접 경험해 보세요. 한 번쯤은 해 볼 가치가 충분히 있습니다.

2. 아이의 문제를 직접 해결해 줘야 한다는 생각이 든다면

문제는 성장을 위한 소중한 기회입니다

문제가 있어야 성장도 있습니다. 문제가 있어야 해결하려는 동기가 생깁니다. 문제는 삶을 괴롭게 만드는 어려움이 아니라 성장을 위한 자극입니다. 엄마가 아이의 모든 문제를 해결해 주면 아이는 탄탄대로를 걷게 되는 게 아니라 무기력, 무능력에 빠집니다. 어차피 엄마가 다 해결해 줄 텐데, 스스로 움직일 이유가 없으니까요. 더 큰 문제는 아이가 어려움을 견디는 힘이 약해져서 작은 좌절에도 짜증을 내고 떼가 늘어난다는 거지요. 아이는 문제를 해결하면서 좌절을 견디는 힘과 자신감을 기르게 됩니다.

관심을 두되 멀리 떨어져 기다려 주세요

아이가 어떤 문제를 가지고 씨름하면 일단 멈추고 지켜봐 주세요. 아이와 거리를 두고, 아이의 고군분투를 기다려 주세요. 뛰어들어 해결하고자 하는 마음을 다스려야 합니다. 문제를 해결하기 위해 애쓰는 아이는 그야말로 최고의 집중력을 발휘하는 중입니다. 그렇다고 자리를 떠나지는 마세요. 지켜보되, 기다려 주세요.

아이에게 "도와줄까?"라고 물어보세요

아이가 혼자 문제와 씨름하다가 난관에 부딪히는 순간이 옵니다. 그때 "엄마가 도와줄까?" 혹은 "도움이 필요해?"라고 조심스럽게 물어보세요.

아이는 시간이 걸리더라도 끝내 자신이 해결하겠다고 말할지도 모릅니다. 만약 "도와주세요"라고 하면 "뭘 어떻게 도와줄까?"라고 물어보세요. 무얼 모르는지 아는 것이야말로 가장 큰 지혜니까요.

3. 아이에게 진짜 도움이 되는 말을 해 주고 싶다면

1. "같이 하자"

"같이 하자"는 말을 들으면 든든하고 뿌듯합니다. '너와 내가 하나'라는 유대감과 소속감을 느낍니다. 사실 이 말은 아이들이 제일 많이 하는 말이기도 합니다. "엄마, 같이 놀자", "엄마, 이것 좀 봐", "엄마, 이것 좀 해 봐". 아이는 늘 엄마와 같이 하고 싶어합니다. 아이의 마음을 얻는 데 이것만 한 마법의 말이 없습니다. "엄마랑 같이 할까?" 아이에게 즐거움과 든든함과 용기를 심어 주는 말입니다.

2. "엄마한테 지금 1순위는 너야"

엄마와 아이가 늘 함께할 수는 없습니다. 또 아이가 두 명 이상이면 엄마가 아무리 최선을 다해 공평한 사랑을 준다고 해도, 자신이 엄마에게 유일하다는 확신을 아이에게 심어 주기는 어렵습니다. 그렇다면 아이랑 둘만 있을 때 이렇게 말해 보세요. "엄마한테 지금 1순위는 너야." 한순간만이라도 엄마에게 1순위가 된 것을 확인한 아이는 더 이상 엄마의 사랑을 확인하려고 애태우지 않습니다.

3. "잘하고 있는 거야"

아이가 무엇인가를 하고 있을 때, "그래, 잘하고 있네" 한마디 해 주세요. 아이가 멍하게 있을 때도 "그렇지. 사람이 멍할 때도 있어야지. 잘하고 있는 거야"라고 말해 주세요. 아이에게 동기를 심어 주는 데 이만한 말이 없습니다. 결과에 상관없이, 아이가 자신이 무엇을 하고 있는지를 알아차리게 되기 때문입니다. 그리고 무엇을 할지 스스로 고민하고 선택할 수 있게 되기 때문입니다.

4. "괜찮아"

인도에 가면 사람들이 버릇처럼 말합니다. "노 프라블럼No problem." 버스가 늦어도 노 프라블럼, 비가 와도 노 프라블럼, 다쳐서 피를 철철 흘려도 노 프로블럼입니다. 아이들이, 아니 우리가 듣고 싶어 하는 말이 이것입니다. 열심히 안 하면 좀 어떻고, 정리 좀 못하면 어떻고, 키 좀 작으면 어떻습니까. 괜찮습니다. 하늘이 무너지는 것도 아니고, 땅이 꺼지는 것도 아닙니다. 또 지금 당장은 큰일처럼 보여도, 지나고 생각해 보면 별일 아닌 경우가 더 많습니다. 그러니 지나가는 일에 크게 휘둘릴 것 없습니다. 엄마가 아이보다 대범해져야 합니다. 아이가 힘들 때, 울적할 때, 화날 때, 눈치 볼 때, "괜찮아" 다정하게 한마디 해 주세요. 아이에게 힘이 됩니다.

4. 친정이나 시댁에 아이를 맡겼다면

먹이고 입히고 재우기는 전적으로 맡기세요

할머니, 할아버지의 무조건적인 헌신과 사랑은 무엇과도 바꿀 수 없는 소중한 육아 자산입니다. 할머니, 할아버지는 아이를 허용하는 폭이 넓어서 아이들의 감정 기복과 변덕스러운 행동에도 잘 버틸 수 있습니다. 하지만 최신 육아법을 따라가려는 엄마와는 갈등을 빚기도 합니다. 수면 습관이나 수유 습관, 배변 습관 등을 인터넷과 육아 카페에서 배우고, 아이에게 적용해야 아이를 잘 키우는 것으로 여기는 엄마들은 할머니들의 느긋하고 여유로운 육아법이 답답합니다.

아이를 먹이고 입히고 재우는 것은 육아에서 가장 중요하면서도 또한 중요하지 않은 부분입니다. 먹이고 입히고 재우는 데 들이는 시간과 노력은 엄청나지만, 아이마다 필요한 정도가 모두 달라서 기본적인 욕구만 충족시키면 큰 차이가 없기 때문입니다. 즉, 고급 재료로 시간을 들여 만든 이유식이나 어른이 먹는 밥 한 공기를 덜어 먹는 것이나 배고픔을 충족시켰다는 의미에서는 비슷합니다. 품격 있는(?) 이유식을 먹은 아이가 더 행복하거나 똑똑하다는 연구 결과는 어디에도 없습니다. 그러니 할머니들과 먹이고 입히고 재우는 문제로 갈등하지 않는 편이 현명합니다. 할머니들의 위생 관념이 엄마 성에 차지 않더라도, 그 문제만큼은 할머니에게 전적으로 맡기는 것이 좋습니다.

일관성을 지키는 데도 다양한 방법이 있습니다

꼭 가르치고 싶은 교육법이 할머니와 차이가 날 때는 집에서 엄마가 따로 교육하면 됩니다. 만약 현관에 신발을 잘 정리하는 습관을 들이고 싶다면, 할머니에게 부탁할 것이 아니라 집에서 엄마가 가르치면 됩니다. 할머니와 있을 때는 할머니 규칙을 따르지만, 엄마와 있을 때는 다른 규칙이 적용된다는 것을 알면, 아이는 자신의 행동을 상황에 맞게 조절하는 능력을 기릅니다. 습관을 들이는 데는 일관성이 필요합니다만, 그 일관성의 범위를 좀 더 넓게 잡아도 좋습니다.

5. 현재 경력 단절 상태라면

절대로 영원한 단절이 아닙니다

둘째를 낳고, 갑자기 늘어난 육아 일로 힘들어할 때 친정어머니께서 이렇게 말씀하셨습니다. "5년만 버텨라. 그러면 좀 살 만할 거야." 어머니는 위로차 하신 말씀이었지만, 저는 몹시 암담했습니다. 아무리 길어도 3년만 버티면 어떻게든 일터로 돌아갈 수 있으리라 생각했거든요. 당시 5년 후는 오지 않을 먼 미래였습니다. 실제로 다시 본격적으로 일을 하기까지는 10년 넘게 걸렸지요. 아이의 갑작스러운 발병으로 모든 인생 계획이 아무것도 아니게 되어 버렸으니까요. 가끔은 '왜 내 인생만 이렇게 마음대로 안 되는지' 하는 억울한 마음이 들기도 했습니다.

그러나 시간은 흐르고, 경험은 쌓입니다. 다시 '나'로 살아갈 타이밍은 분명히 옵니다. 그때 엄마로서의 경험치는 일을 시작하는 데 자양분이 됩니다. 예상치 못한 일에 유연하게 대처하는 능력, 여러 가지 일을 한꺼번에 수행하는 능력, 감정을 조절하는 능력이 '엄마'라는 역할을 하면서 훨씬 강해지지 않았던가요? 예전에 하던 일을 그대로 이어서 할 수는 없겠지만, 어떤 일을 하더라도 경험으로 쌓은 능력은 알맞게 드러나게 되어 있습니다.

사회 복귀 시점을 정하여 준비하세요

막내가 초등학교 3학년을 넘어가면 엄마의 손길이 하루 종일 필요한 시기는 지납니다. 그때부터는 조금씩 엄마의 손길을 거두는 것이 바람직합니다. 아이가 스스로 의사결정하고, 실패 혹은 성공을 맛보고, 다시 의사결정하는 과정을 시작해야 하는 나이니까요. 아이에게 조금씩 삶의 결정권을 허용하려면, 엄마가 자신만의 일을 가지고 있어야 합니다. 그러므로 '늦어도 이때부터는 파트타임으로라도 일을 하겠다'고 마음속으로 결심하세요. 막내가 늦어도 만 3세면 어린이집에 가게 되니, 그때부터 일을 천천히 준비해 보세요. 아르바이트를 시작할 수도 있고, 자원봉사를 할 수도 있고, 여성개발원 등에서 취업 교육을 받을 수도 있습니다. 일은 생동감의 원천이고, 성취의 근원입니다. 엄마 역할 말고도 세상에는 재미있고 의미있는 일이 많습니다. 부디 사회 안에서 '나의 존재감'을 꼭 챙기시기를 바랍니다.

4장

그 누구도 희생하지 않고 엄마와 아이가 함께 행복해지는 육아의 기술

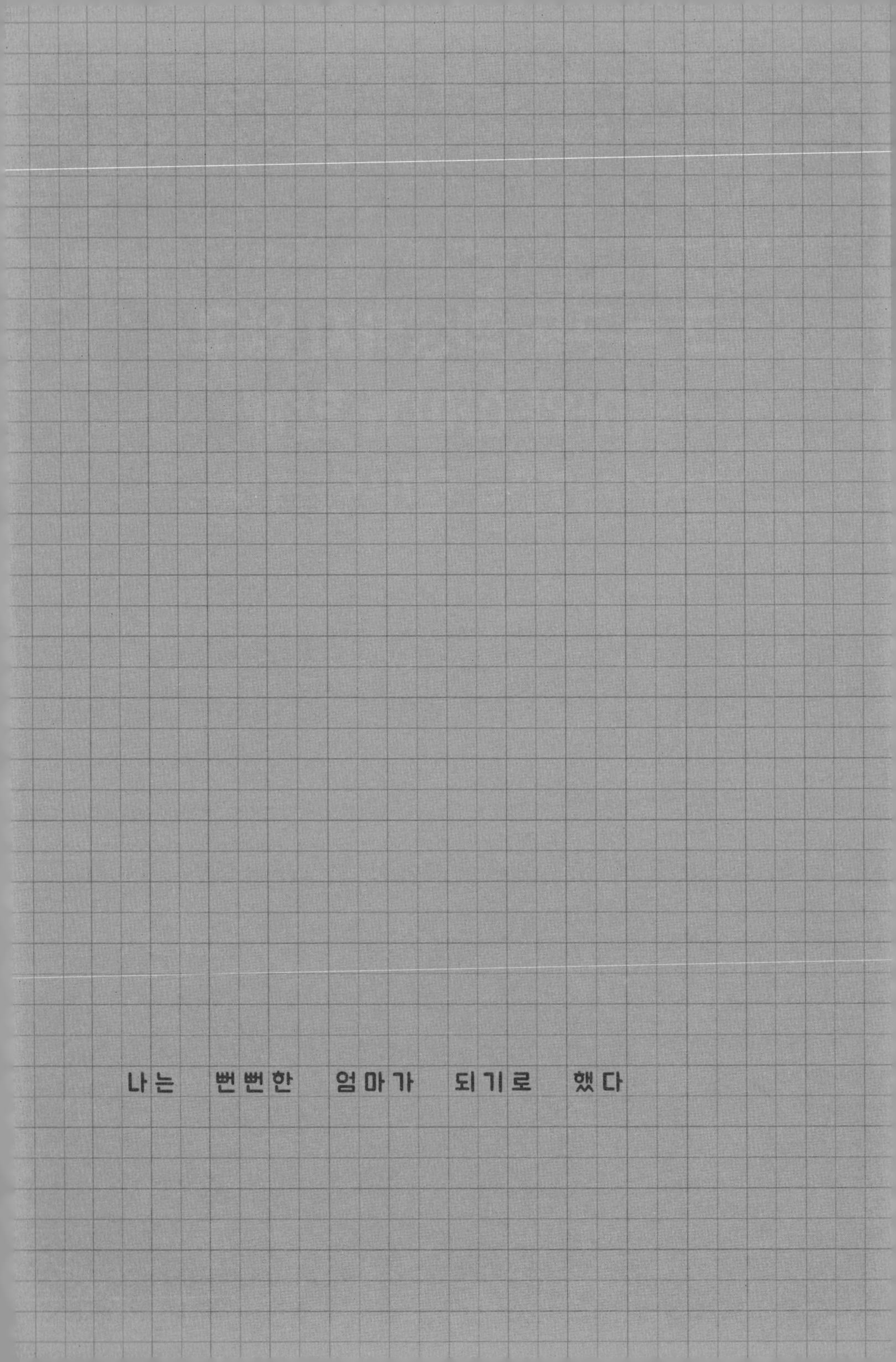
나는 뻔뻔한 엄마가 되기로 했다

01 — [놀이] 아이를 위해 놀아 줘야 한다는 생각을 버린다

병원에 있을 때 아이는 놀이 치료를 받았다. 아동심리를 전공한 전문가의 자원봉사였다. 한 달에도 몇 번씩, 특히 어린이날과 성탄절에는 물품 후원이나 공연 등으로 소아암 병동을 찾아오는 사람들이 많았는데, 대개 일회성 행사여서 한 번 만난 봉사자를 두 번 보는 일은 별로 없었다. 그런데 자원봉사로 아이들에게 놀이 치료를 하러 오신 선생님은 달랐다. 우리가 병원에 있건 집에 있건, 일주일에 한 번씩 정해진 시간에 틀림없이 오셨다. 1년 동안 시간 약속을 바꾼 일은 딱 한 번이었다. 그때도 불가피한 집안일이 생겼다며 몹시 미안해 하셨다.

아이는 놀이 치료 시간을 좋아했고, 기다렸다. 그 시간이 왜 좋으냐고 물으면 "선생님은 내 말은 다 들어 줘", "놀이 시간엔 내가 하고 싶은 거 하면 돼"라고 말했다. 아이는 '그 선생님에게 나는 늘 최우선순위며, 선생님은 의심할 여지 없이 나를 사랑한다'고 믿는 것 같았다.

1년간의 항암 치료가 끝나고 지리산으로 내려오면서 더 이상 놀이 치료를 받을 수 없게 돼 무척 아쉬웠다. 흔한 공부방 하나 없는 외진 시골 마을에 전문 놀이 치료사가 있을 리 없었다. 선생님은 "어머니가 놀이 치료를 배워서 아이와 놀아 주세요"라고 하셨다. 소아암을 앓은 아이들은 겉으로 보기엔 밝아 보여도 트라우마가 있다, 학교에 복귀하여 적응하는 일도 적지 않은 스트레스다, 꾸준히 놀이 치료를 받으면 도움이 되며, 엄마가 충분히 할 수 있다고 하셨다. 선생님이 하라고 하시니까 엄마로서 최선을 다해 보자는 의무감에 선생님이 소개한 부모-자녀 놀이 치료 프로그램에 등록했고, 기대 이상으로 많이 배웠다.

놀이 치료의 '원리'는 간단했다. 아이가 주도하는 대로 따라가라. 판단, 해석, 예측 등을 모두 버리고, 아이가 한 '행동'만 엄마의 언어로 말해 주어라. 놀이 시간은 철저히 지켜라. 그 세 가지가 전부였다. 그런데 그 간단한 지침을 따르기가 쉽지 않았다. 아이가 블록을 손에 쥐고 바닥에 대고 밀면서 '붕붕' 하고 소리를 냈다고 하자. 그 장면을 본 대부분의 엄마들은 "자동차가 가는구나"라고 말한다. 하지만 아이가 자동차 놀이를 하고 있다는 것은 엄마의 판단이다. 아이는 사슴벌레가 땅을 파는 놀이를 하고 있을 수도 있고, 전기 대패로 나무 표면을 가는 목공 놀이를 하고 있을 수도 있다. 정답은 “붕붕 소리를 냈네”다. 다른 예를 들어 보자. 아이가 장난감 총으로 엄마를 조준하고 “빵~” 하고 말했다. 어떤 엄마는 반사적으로 얼굴을 찌푸리며 놀이 치료 시간임을 잊고 “사람한테 총 쏘면 안 되지”라고 반응한다. 조금 더 생각한 엄마는 아이의 놀이에 호응해 주기 위해 “으악~” 하고 죽는시늉을 한다. 하지만 ‘아이 주도’의 놀이이므로 놀이 치료에서는 마음대로 죽을 수도 없다. “총 맞았네. 죽어야 돼? 말아야 돼?” 하고 답을 아이에게 물어봐야 한다. 놀이 치료를 배우면서 ‘엄마’라는 사람들이 얼마나 순식간에 아이의 행동을 자기 식대로 판단하는지, 아이가 주도하는 대로 따라간다는 게 어떤 건지, 조금이나마 알 수 있었다.

엄마가 놀아 주겠다고 나서지 않을 때
자기 주도적인 아이가 된다

지리산에 내려와서 아이는 초등학교 3학년으로 복귀했다. 마침 학교에서는 내가 언어치료사라는 사실을 알고, 초등학교 입학 후 말을 하지 않고 있던 한 아이를 부탁했다. 나는 기꺼이 자원봉사를 하겠다고 했고, 보건실에 작은 치료실을 마련했다. 그 공간에서 큰 아이와 ‘엄마 놀이 치료’도 시작했다. 아이와 함께 요일과 시간을 정하고 그 시간을 ‘특별한 시간’으로 이름 붙이기, 끝나기 5분 전에 “5분 후에 끝난다”라고 알려 주기, 더 놀고 싶다고 할 때 “오늘 약속

된 놀이 시간은 끝났고, 다음에 또 놀 수 있어"라고 말해 주기 등의 규칙만 명심해서 지키고, 나머지는 아이가 노는 것을 지켜보고 아이의 행동을 말로 해 주면 되었다. 아이는 자기가 원하는 놀이를 마음껏 했고, 나는 조금 떨어진 자리에서 "낚시 놀이 하네", "물고기 두 개 잡았네", "보드게임 하고 싶구나" 등등을 건조하게 이야기해 주었다.

솔직히 말하자면, 나는 그 시간이 지루하고 재미없었다. '왜 이렇게 시간이 안 가지?' 하는 생각도 종종 들었다. 놀이를 주도할 수도, 적극적으로 놀이에 참여할 수도 없어서 기계적으로 아이의 행동을 소리 내어 말하고 있었을 뿐, 머릿속에는 다른 생각이 끊임없이 떠올랐다. 아이가 만족스럽게 깔깔대고 웃을 때마다 나는 억지로 웃어 주곤 했다. 이 놀이 치료는 다른 일정들이 생기면서 아홉 달 만에 자연스럽게 그만두게 되었고, 내게 놀이 치료는 완전히 잊힌 일이 되었다.

그런데 몇 년 후 아이와 지나간 일들을 함께 이야기하는 자리에서, 아이는 놀랍게도 "아, 엄마랑 한 그 놀이 치료 정말 재미있었는데"라고 했다. 선생님과 하는 것도 좋았지만, 엄마와 한 것도 정말 재미있었다는 거였다. 아무리 생각해도 나는 '재미'있던 기억이 나지 않는데, 그게 그렇게 재미있었다니 참 신기하고 궁금했다. 그리고 그 이유를 나중에 알게 되었다.

섣불리 판단하지 않고,
지적하지 않고, 토 달지 않는다

나는 지리산에서 가까운 남원 시내에서 언어치료사로 일하고 있다. 말을 더듬는 중3 남자아이를 2년 가까이 치료했다. 그 아이는 반에서 1~2등을 할 정도로 공부를 꽤 잘했고, 자신의 말 더듬음에 대해 크게 스트레스를 받고 있지 않았다. 1년 동안 치료를 하니 더듬는 말 행동은 웬만큼 좋아졌는데, 아이가 그만두고 싶어 하지 않아서 1년은 아이가 자유롭게 말하는 시간으로 보냈다.

아이는 치료실에 와서 학교에서 있었던 일 한두 가지를 간단히 '보고'한 다음, 나머지 시간에 자신이 즐겨보는 일본 애니메이션을 설명하곤 했다. 복잡한 캐릭터 이름, 더 복잡한 스토리 라인과 인물의 관계를 따라잡느라 나는 아이의 이야기를 필기하면서 들어야 했다. 공감은커녕 아이가 말하는 것을 따라가기도 벅찼다. 하나의 이야기는 다른 이야기와 연결되었고, 낯선 용어의 뜻은 따로 알아야 했다. 그렇게 1년이 지나고 치료를 종결할 때가 되었을 때, 나는 아이에게 이제 치료실에 오지 않아도 되는데 기분이 어떠냐고 큰 기대 없이 물었다. 아이의 대답은 의외였다.

"선생님, 저는 여기에 오는 시간이 정말 유일하게 쉬는 시간이었어요. 여기서 얘기를 하면서 전 진짜 자유를 느꼈다니까요."

나는 재빨리 내가 1년 동안 무엇을 했는지 되돌아보았다. 무언가를 한 기억은 나지 않고, 무언가를 하지 않으려 애썼던 기억만 났다. '그건 잘했고 이건 잘못했어'라고 판단하지 않으려 애썼고, 정답을 주지 않으려 애썼고, 내 이야기를 하지 않으려 애썼다. 유일하게 하려고 애썼던 건 아이의 말을 하나라도 놓치지 않으려고 펜을 들고 받아 적으며 집중했던 일이었다. 그런데 그게 아이에게 휴식과 자유를 주었다니. 아이는 그동안 아무런 토를 달지 않고 충분히 자기 말을 들어주는 사람이 필요했던 것이다.

자존감 높은 아이의 뒤에는
늘 경청하는 엄마가 있다

엄마들에게 '아이들의 말을 좀 들어 주세요'라고 하면 엄마들은 '잘 들어 주고 있다'고 말한다. 그리고 바로 "애가 내 말을 안 들어요"라고 덧붙인다. 어쩌면 엄마들은 아이의 말을 듣는 일을 말할 기회를 준다는 의미로 해석하는지도 모른다. 아이가 말하는 동안 본인의 생각으로 빠져서 아이의 이야기를 판단하고 있으면서 '듣고 있다'고 여기고, 아이가 한번 말하면 얼른 본인 머릿속에 있던 이야기를 쏟아 낸다. 그러면 아이가 진짜 어떤 생각을 하는지 알 길이 없다.

아이의 말을 들으라는 건 아이와 똑같이 느끼라는 말이 아니다. 아이나 어른이나 우리는 고유한 개인이므로 다른 사람의 생각과 느낌을 '똑같이' 생각하고 느끼는 건 불가능하다. 그러나 우리는 아이와 함께할 수 있다. 듣는다는 건, 같은 공간에 있다는 걸 확인하는 일이다. 아이가 "엄마, 장난감 자동차가 침대 밑에 들어가 버렸어" 하고 울음을 터뜨릴 때, 엄마는 아이만큼 슬프지 않아도 아이와 나란히 바닥에 배를 깔고 엎드려 침대 밑을 들여다볼 수는 있다. 중학생 아이가 게임 이야기를 할 때 그 게임에 대해 들어볼 수 있고, 아이가 노는 공간에 함께 머물 수 있다. 또 듣는다는 것은 그 자리로 가 보는 것이다. 아이의 눈높이에 맞게 몸을 낮추고, 아이가 있는 곳으로 내 몸을 이동하여 그 옆에 서 있는 것이다. 아이가 보는 풍경이 보이도록, 아이가 무슨 말을 하고 싶은지 들리도록 그냥 가만히 있는 것이다. 아이의 자존감은 자신의 존재를 펼칠 충분한 공간이 확보되었을 때 무럭무럭 자란다. 굳이 애써서 활기차고 재미있고 교육적으로 놀아 주려 하지 않아도 엄마가 주의 깊게 듣는다면, 아이는 마음껏 자기를 제 결대로 만들어 갈 것이다.

02 [칭찬] 백 마디 억지 칭찬보다 — 아이를 향한 감탄 어린 눈길 한 번이 낫다

지리산으로 이사 온 첫해, 가을이 되자 큰아이가 다니는 학교에서는 운동회를 열었다. 아이의 첫 운동회였다. 1학년 때는 전학하느라, 2학년 때는 병원에 있느라 운동회에 나가지 못했다. 아이는 운동회를 설레며 기다렸다.

운동회의 하이라이트는 전교생 이어달리기였다. 아마 계주 선수를 선발했으면 큰아이가 감히 뛰지는 못했을 것이다. 유치원생부터 6학년까지, 80여 명 남짓한 소규모 시골 학교에서 아이들은 모두 선수였다. 누구 하나 빠지지 않고 모두 자기 순서가 오자 운동장 반 바퀴를 힘껏 달렸다. 나는 '빨리 달리지 마라', '넘어지면 네 손해다', '무리하지 마라'라고 말하고 싶은 걸 꿀꺽 삼키고, 콩닥콩닥 뛰는 가슴을 진정시키며 계주를 지켜보았다. 아이가 뛰는 모습 하나하나가 아주 느린 슬로우 모션처럼 눈에 와 박혔다. 솜털 같은 머리, 잘 보이지 않는 눈으로 숨을 헐떡이는 모습이 '나 이렇게 살아 있어'라고 외치는 것 같았다. 가슴이 뻐근해지도록 벅차올랐다. 이런 게 기적이구나. 그냥 살아 있는 게 기적이구나. '아이가 달린다'는 이 평범한 사실이 기적이구나.

내가 아이를 기르며
발견한 기적의 순간들

그로부터 4년 후, 조혈모세포 이식을 했을 때도 기적의 순간이 찾아왔다. 꼬박 30여 일을 1.5평 남짓한 무균실에서 아무것도 먹지 않고 누워만 있던 큰아이가 드디어 준무균실로 나왔을 때였다. 무균실과 준무균실은 철저한 위생 보안 시스템이어서, 한번 들어온 환자와 보호자는 백혈구 수치가 오를 때까지 절대로 나갈 수 없다. 대장균, 유산균 같은 일상적인 균으로도 치명적인 감염에 이를 수 있기 때문이다. 그런 까닭에 이식 과정을 이기지 못하고 하늘로 가는 아이도 드물지 않았고, 우리 바로 전에 이식한 아이도 결국 무균실에서 나오지 못했다. 그러니 무균실을 나온다는 건 일단 살았다는 생존의 표시였다.

무균실에서 준무균실까지의 거리는 불과 30여 미터. 간호사가 "휠체어 필요하시죠?"라고 물었다. 오래 누워 있어서 근육이 소실되고 기력이 쇠한 이식 환자는 몇 걸음을 걷기도 힘들다. 나는 당연히 휠체어를 준비해 달라고 했다. 그러나 아이는 휠체어를 타지 않겠다고 했다. 걸을 수 있을 것 같다고, 걷고 싶다고 했다. 여덟아홉 개의 링거와 기계를 주렁주렁 단 폴대를 밀면서 우리는 무균실을 '걸어 나왔다'. 다리가 덜덜 떨리고, 균형을 못 잡아 휘청거리고, 숨을 몰아쉬었지만, 아이는 느리고 단단하게 한 걸음씩 내디뎠다. 무균실과 준무균실 사이의 문이 열리고 드디어 바깥 세계로 나가는 순간, 영혼까지 떨리는 듯했다. 귀에서는 베토벤의 '환희의 송가'가 울려 퍼졌다.

단순하게는 '아이가 1인실에서 4인실로 병실을 옮겼다'라고 말할 수 있는 장면. 나는 그 장면을 내 인생의 '기적의 순간'으로 입력했다. 그 장면이 만들어지기까지 겪은 일들이 속속들이 떠올랐다. 어쩌면 먹고, 걷고, 웃는 우리의 삶 모든 순간이 경이로운 기적이겠구나. 기적 속에 살고 있으면서도 그걸 모른 채 살았던 것이 불행이고 비극이었구나.

큰아이와 서울에서 투병 생활을 하는 동안, 초등학교 1학년이던 작은아이는 시골에서 외할머니와 지냈다. 나는 아이의 입학식도 보지 못했다. 한글도 다 못 떼고 입학한 학교에서 아이가 어떻게 지내는지 너무너무 궁금했지만 별도리가 없었다. 한두 달에 한 번씩 엄마를 보러 서울에 올라온 아이를 만나면 바쁘게 한 끼 식사 정도만 같이 했을 뿐, 아이를 살뜰히 살필 겨를도 없었다.

그러던 가을 어느 날, 친정어머니가 동영상 하나를 보내왔다. 아이가 학교에서 배웠다며 훌라후프와 줄넘기를 하는 모습이었다. 엄마한테 보여 준다고 성심성의껏 열심히 허리를 움직여 훌라후프를 하는 초등학교 1학년 아이가 그 영상 속에 있었다. 얼마나 기특하고 대견하고 신기하던지 눈물이 맺힐 정도였다. 엄마가 곁에 있지도 못했고, 아무것도 가르치지 못했는데도 어쩜 저렇게 스스로 무엇이든 배워 가며 잘 자랄까. 아마 아이와 매일 함께 있었다면 훌라후프를 돌리는 모습이 그토록 놀랍고 신기하지는 않았을 것이다. 훌라후프가 학교의 과제였다면 일부러 가르치느라 진을 뺐을 수도 있고, 100개의 훌라후프를 돌리는 모습을 보고 200개를 향해 안달했을지 모른다. 그러나 한 달에 한 번 보는 엄마는 아이의 모든 모습에서 꽃이 피어나는 걸 보았다.

아기 때 생각이 났다. 태어나서 3개월 누워만 있던 아기가 어느 날 뒤집었다. 그러더니 기고 앉고 서고 걸었다. 어느새 말도 하고 글도 읽었다. 아무것도 가르치지 않았다. 모든 일이 저절로 일어났다. 어떤 노력도 하지 않았는데 일어나는 일을 '기적' 말고 무어라고 부를 수 있을까?

매일같이 제자리걸음만 하는
아이 때문에 속상한 엄마들에게

나의 직업상 '장애아'라고 이름 붙은 아이들을 거의 매일 만난다. 다운증후군, 무뇌증, 자폐증 등 아이들의 '장애'를 부르는 명칭은 다양하다. 그 아이들의 공통된 특성은 '다르다'는 것이다. 생각하는 방법이 다르고, 할 수 있는 일이 다르다. 특히 발달 속도에서 큰 차이가 나는데, 비장애아('정상아'로 부르지 않았다는 점에 밑줄 쫙 쳐 주시길)와 비교할 수 없을 정도로 느리다. 태어난 지 5년 만에 걷는 아이도 있고, 열 살이 되어서야 "이거 줘"라고 말하는 아이들도 있다. 그 아이들을 매일 가르치고 치료 수업을 하는 일은 때로 지루하고 막막하다. 쇠귀에 경을 읽고 있는 것 같고, 하도 같은 말과 행동을 반복해서 기계가 된 것 같은 기분도 든다.

그럴 때 나는 나를 의식적으로 좀 더 느리게 만든다. 수업 목표에 더 가까이 가고자 하는 마음을 접고, 아이의 속도에 맞춰서 함께 움직여 본다. 그러면 놀라운 일이 펼쳐지는데, '어제와 다른 오늘'이 '발견'되어 눈앞에 떠오르는 것이다. 분명 어제까지만 해도 대답할 때 눈을 마주치지 않던 아이가 오늘은 눈을 0.5초쯤 맞추고 돌렸다는 걸 알게 된다. 엎드려서 팔 힘으로 몸을 끌고 다니던 아이가 무릎을 세우기 위해 다리와 척추에 힘을 주는 모습이 눈에 들어온다. 그때 나는 어제와 똑같은 지루한 현실에 있는 것이 아니라, '기적의 순간'에 존재하게 되며, "와! 눈을 맞췄네" 하는 환호와 감탄이 절로 나오게 된다.

매일같이 똑같은 아이 때문에 속상한 엄마들은 내가 "어머니, 오늘 1초쯤 눈을 맞췄어요" 하고 신나게 말하면 심드렁해 하기도 하지만, 대부분은 "어머, 정말이요?" 하고 함께 기뻐한다. 정신분석학자 이승욱은 《천일의 입맞춤》이라는 저서에서 '존재는 응시에 의해 조각된다'고 했다. 인간은 타인이 어떻게 보아 주느냐에 따라서 자신의 모습을 만들어 간다는 것이다. 선생님과 엄마의 감탄 어린 시선을 온몸으로 받은 아이와 늘 '왜 이것밖에 못 하니?'라는 시선을 받은 아이가 같은 모습으로 조각될 리 없다.

아주 작은 변화라도 기어코 찾아내서 감탄하고 또 감탄하라

여러 방면에서 활동하는 미국의 작가 줄리아 카메론은 저서 《아티스트 웨이》에서 자신의 존재를 긍정하는 방법 중 하나로 '자신을 보물처럼 대하라'라고 썼다. 그 문장을 처음 읽었을 때 나는 난감했다. 보물처럼 대하라는 게 과연 어떤 '행동'을 말하는지 도통 떠오르지 않았던 것이다. 값진 것을 대할 때 나는 어떤 행동을 할까? 눈을 감고, 빛나고 아름다운 보석이나 보물을 보았을 때를 상상해 보았다. 입 밖으로 "와~" 하는 감탄사가 나왔다. 그때 알았다. '보물처럼 대하라'는 것은 감탄하라는 의미였다. 아이의 말에, 행동에, 생각에 감탄을 보내면 그보다 강력한 응시와 칭찬은 없다. 감탄은 뻔한 일상을 기적으로 만들고, 지루한 하루하루에 생기를 불어넣어 주며, 사소한 일에 감사하게 만든다. 감탄하기로 마음먹으면 칭찬이 필요하지 않다.

아이가 걷는 모습에 감탄하면 그것은 곧 기적이 되고, 눈 맞춤에 감탄하면 그 또한 놀라운 성장이 된다. 바람이 부는 것, 풀이 돋아나는 것, 별이 뜨고 지는 모습, 우리가 나누는 모든 이야기에 감탄을 불어넣으면 우리는 매 순간 놀랍고 신비한 세상을 만나게 된다. 아이를 키우는 엄마가 감탄의 생산자가 되어야 할 이유다.

03

—

[학습] 아이의 단점을 고치려고 애쓰기보다 장점을 더욱 키운다

한 자폐증 아이가 있었다. 초등학교 입학을 앞두고 일주일에 한두 번씩 언어치료를 받았다. 처음 치료실에 왔을 때 아이는 변화한 환경에 적응하지 못해서 치료실에 들어오지 않으려고 소리를 지르며 떼를 썼다. 수업 중에 바지에 똥을 싸기도 했다. 첫 한두 달 동안은 입실과 착석만을 목표로 수업을 했지만, 10분 이상 자리에 앉아 있지 못했다. 나는 캐러멜이나 사탕 등 아이가 혹할 만한 먹을거리를 준다며 아이를 치료실로 데리고 들어오기도 하고, 아이가 드러누웠을 때는 번쩍 안아 들고 오기도 했다. 그러니 목표를 세워 다양한 활동을 하는 것은 불가능했다. 초등학교 입학이 눈앞이었으니, 책상에 앉을 수 있는 시간을 조금이나마 늘리는 것을 목표로 찢기, 붙기, 만들기 등 아이가 잠깐이라도 집중할 수 있는 활동들을 이것

저것 해 보던 어느 날, 우연히 아이가 신호등을 그리고 색칠하는 데 깊이 몰입하는 것을 발견했다. 동그라미 두 개를 그린 다음 네모를 그려 신호등의 형태를 만든 후, 빨간색과 초록색을 색칠하니 누가 봐도 예쁘고 선명한 신호등이 완성되었다. 놀라운 건 신호등을 그리는 아이의 태도였다. 의자를 앞뒤로 흔들거나 이상한 소리를 내는 상동행동(반복하여 하는 행동)도 그림을 그릴 때는 하지 않았다. 나는 재빨리 굵은 네임펜으로 여러 개의 신호등을 그려 아이에게 주었다. 아이는 주어지는 대로 신호등을 색칠하면서 그 옆에 횡단보도와 자동차, 다른 교통 표지판들을 그려 넣었다. 40분이 조용히 흘렀고, 아이는 만족스럽게 수업을 마쳤다.

수업이 끝난 후 어머니에게 아이가 그림 그리기를 참 좋아하고 잘한다고, 앞으로 이 능력을 잘 이용해서 수업을 진행하겠다고 했다. 그런데 어머니는 탐탁지 않은 표정이었다. "선생님, 집에서도 매일 이것만 하고 있어요. 종이랑 크레파스만 주면 한 시간이고 두 시간이고 앉아서 그림을 그려댄다니까요." 볼멘소리였다. 집에서 이미 차고 넘치게 하는 것을 왜 언어치료 시간에서까지 해야 하는지 이해할 수 없다는 듯했다.

못하는 것을 잘하게 하는 것보다
잘하는 것을 다양하게 발전시키기가 훨씬 쉽다

나는 그 어머니의 마음 또한 충분히 이해되었다. 엄마들은 아이가 가진 장점을 '당연'하게 받아들인다. 엄마들은 아이가 원래 잘하는 것은 잘하는 것대로 두고, 어떻게든 못하는 것을 잘하게 만들고 싶어 한다. 못하는 것을 잘하게 만드는 것이 엄마의 역할이라고 생각하기 때문이다. 그러나 못하는 것을 잘하게 만드는 일보다, 잘하는 것을 더 잘하게 만들거나, 잘하는 것을 다양한 방법으로 쓸 수 있도록 훈련하는 편이 훨씬 쉽고 빠르다. 그림을 잘 그리고, 그림 그리기를 좋아하는 능력은 글씨를 가르칠 때 그림으로 받아들이게 이끌 수 있고, 그림을 같이 그리면서 상호작용 능력을 키울 수도 있다. 그림 그리기에 몰두할까 봐 글씨는 펜으로만 가르치고, 대화하는 능력을 키우기 위해 문답식 질문만을 강요하면, 아이에게 글씨는 어려운 것이고 대화는 괴로운 것으로 남는다. 좋아하고 잘하는 것을 중심에 놓고, 그것을 확장하는 방법으로 가르치면, 그 과정에서 아이는 행복하고 즐겁다. 만약 성공하지 못했다 하더라도 재미있는 기억으로 남으면, 그것만으로도 의미는 충분하다.

"어머니, 그림 그리기를 즐기고 좋아하는 것은 이 아이만이 가진 소중하고 특별한 능력이에요. 어머니는 아이가 매일 같은 그림만 그리거나 그림 그리기에만 몰두하고 다른 것을 하지 않을 때 답답하시지요? 하지만 못하는 것을 잘하게 하기보다 잘하는 것을 다양한 방법으로 더 잘하게 하기가 쉬워요."

이후 아이는 그림을 그리면서 수업 시간에 제자리에 앉기와 집중하기가 가능해졌다. 그림을 이용하여 글씨도 익히고, 상황에 맞는 말을 익혔다. 나는 틈나는 대로 어머니에게 아이의 미술 실력을 칭찬하고, 그 능력과 흥미를 이용하여 앞으로의 진로를 생각해 보시라고 말씀드렸다. 나는 어머니 표정에서 '어쩌면 가능할지도 몰라'라는 생각이 스쳐 가는 것을 읽었다. 늘 '그게 가능이나 하겠어?'라는 태도에서 한 걸음 나아간 것이었다.

장점과 단점은
상대적인 개념일 뿐이다

엄마는 아이가 잘 못하고 있는 것, 부족한 것이 먼저 눈에 들어온다. 잘하는 열 가지에 감탄하고 박수를 치기보다는, 못하는 한 가지를 어떻게든 잘하게 만들려고 한다. 그러나 그런 노력은 실패할 수밖에 없다. 잘하고 못하고는 기준을 어디에 두느냐에 따라 달라지기 때문이다. 아이가 못하는 것에 집중하면 아이의 장점은 '당연'한 것으로 여겨진다. 아이들은 이미 가진 것, 이미 잘하고 있는 것은 인정받지 못한 채 늘 '부족한 아이'로 살아간다. 그래도 아이가 못하고 부족한 면이 있는 건 사실이 아니냐고? 그렇지 않다. '많다/적다', '크다/작다', '잘한다/못한다'는 기준을 어디에 두느냐에 따라 달라지는 상대적인 개념이다. 키 150cm인 사람은 170cm인 사람보다 작지만, 120cm인 사람보다는 크다. '잘하는 아이'로 만들기 위해서 엄마가 할 수 있는 일은 어쩌면 기준을 바꾸는 것일지 모른다.

아이가 조혈모세포 이식을 하고 나서 2년쯤 지났을 때의 일이다.

아직 숙주 반응도 남아 있고, 면역력도 완전히 돌아오지 않아서 하루하루 마음을 졸이며 살아갈 때였다. 이식 후 바뀐 세포가 제대로 자리를 잡았는지, 나쁜 세포가 자라고 있지는 않은지 1년에 한 번씩 골수 검사를 했다. 검사를 받고 며칠 후 병원에서 결과를 알려주는 전화가 왔는데, 주치의가 심상치 않은 목소리로 길게 설명을 했다. 뭔가 나쁜 소식인 듯했다.

"어머니, 아이가 이식하고 바로 검사했을 때는 100% 이식한 유전자로 나왔잖아요. 그런데 이번 검사에서는 바뀐 유전자가 95%, 원래 가지고 있던 유전자가 5%인 것으로 나왔어요. 나쁜 세포는 나오지 않았는데, 원래 유전자가 자라고 있다는 게 좋은 소식은 아니라 일단 추세를 좀 지켜봐야 할 것 같아요. 당분간 3개월에 한 번씩 골수 검사를 할게요."

어떤 변화의 조짐이 보이는데, 그 변화가 어떤 방향으로 흘러갈지는 알 수 없다, 생착률을 100%로 만들기 위해 할 수 있는 일은 아무것도 없다, 그러니 시간을 두고 검사를 더 자주 하자는 내용이었다. 두려움과 불안이 뒤덮은 3개월이 지나고 다시 검사를 했을 때, 95대 5의 비율은 변하지 않았다. 또다시 3개월 후의 검사에서는 96대 4의 비율로 상태는 호전되었으나, 예전의 100% 생착률에는 못 미쳤다. 그때 주치의가 검사 방법을 바꾸자고 했다. 지금의 골수 검사는 골반뼈를 뚫고 조혈모를 채취하여 검사하는 방법인데, 혈관에서 피를 뽑아서 간단하게 검사하는 방법도 있다는 것이다.

검사 기술이 점점 발달하여 전에는 못 보던 것을 더 세밀하게 보게 되는 바람에, 문제가 아닌 것을 굳이 문제로 만드는 점도 있다고 했다. '간단한 방법'으로 검사한 결과, 드디어 생착률은 100%가 나왔다. 아이는 5년째 혈관 수준의 검사에서 100% 생착률을 유지한 채 아무런 문제 없이 살아가고 있다. 아마 이전 방법대로 검사했다면 '100%가 아니다'라는 생각으로 지금까지 불안하게 살아갈 게 분명했다.

결핍을 채우려는 노력은 실패할 수밖에 없다

절대적으로 완벽한 것은 존재하지 않는다. 돌연변이는 우주가 움직이는 근본 원리 중의 하나며, 완벽하게 깨끗한 어떤 것도 자세히 들여다보면 반드시 티끌이 있게 마련이다. 그러니 결핍된 것을 채워 흠이 없는 상태로 만들려는 노력은 실패할 수밖에 없다. 오히려 지금 있는 상태를 받아들이고, 이에 긍정하며 만족할 수 있는 방법을 찾으려는 노력이 훨씬 생산적이다.

큰아이가 고등학교에 입학할 때 학교 선생님들이 아이에게 무엇이 필요하고, 무엇을 도와주면 되는지를 물었다. 시각장애 3급인 아이가 수업을 받기 위해 필요한 것들, 예를 들어 시험 시간을 1.5배로 주어야 한다든지, 독서 확대기가 필요하다든지, '이거, 저거'라고 말하는 대신 '책상 오른쪽에 있는 거'라고 말해야 한다든지 하는 지침들을 말하다가, 이 모든 말들이 아이의 결핍과 결함을 증명하고 있다는 걸 문득 깨달았다. 암에 걸렸다고 온갖 대체 요법과 비법과 치료법을 권하는 사람들이 고마우면서도 불편한 이유도 그거였다. 아이의 결핍과 결함을 증명하는 말들의 향연이기 때문이었다. 나는 선생님에게 이렇게 말했다.

"이 아이는 모든 걸 할 수 있습니다. 그때그때 필요한 것은 아이가 도와달라고 말할 겁니다."

아이는 완벽하지 않지만, 그만큼 모든 것을 할 수 있다. 아이가 할 수 있다는 걸 엄마가 믿어 주는 만큼, 아이는 해낼 수 있다. 믿음을 토대로 자란 아이는 엄마의 믿음을 뛰어넘어 새로운 세상을 펼쳐 보일 것이다.

04 — [훈련] 떼쓰는 아이도 실은 잘하고 싶어 한다는 점을 기억한다

중학생인 작은아이는 요즘 하루가 다르게 키가 자라고 있다. 키만 자라는 게 아니라 곶감 포장을 돕거나 고양이를 돌보면서 집안일에 참여하기도 하고, 사회문제에 관한 생각을 논리적으로 말하기도 하는데, 그 모습이 그렇게 놀랍고 신기할 수가 없다. 학원도 못 보내고, 따로 공부도 못 시키고, 밥도 못 해 주고, 엄마가 '아무것도 안 해' 주는데도 제 본성껏 쑥쑥 자라는 것이, 매일매일 공짜 선물을 한가득 받은 듯 뿌듯하고 벅차다.

아이가 어렸을 때부터 이렇게 '저절로' 자라면 얼마나 좋을까. 하지만 그런 일은 일어나지 않는다. 엄마는 아이의 수유 시간도 조절해야 하고, 이유식 습관도 만들어 주어야 하고, 아이에게 배변 훈련도 시켜야 한다. 감정도 잘 조절하게 해야 하고, 다른 사람과 같은 공간을 쓸 때 할 수 있는 일과 해서는 안 되는 일도 알려 줘야 한다. 이런 것들을 아이가 저절로 알게 되지는 않는다. 아이를 키우는 데는 그냥 내버려 두는 것만으로는 충분하지 않은 영역이 분명히 있다. 인간이 사회적인 동물이기 때문에 필요한 여러 습관들이 그것이다. 나는 이것을 교육 혹은 육아, 양육이라기보다 '훈련'이라고 부르는 게 더 적합하다고 생각한다. 해도 좋고 안 해도 좋은 일이 아니라, 사회의 일원으로 생존하는 데 꼭 필요한 일상생활 기술이기 때문이다.

훈육과 훈련은
어떻게 다를까?

요즘 육아서나 교육서에서는 '훈육'과 '훈련'이라는 말을 구분 없이 섞어서 사용하는 듯하다. 사전을 찾아보니 거의 비슷한 뜻이기는 한데, 훈육discipline은 '사회적 규제나 학교의 규율과 같이 사회적으로 명백하게 요청되는 행위나 습관을 형성시키고 발전시키는 것'이고, 훈련training은 '일정한 기능이나 행동 등을 획득하기 위해 되풀이하는 실천적 교육 활동으로, 훈육보다는 비교적 실제적이고 육체적인 의미가 강하게 포함되어 있다'라고 씌어 있다. 나는 치료실에서 만나는 엄마들에게 "훈육하세요"라고 말하지 않고, "훈련하세요"라고 말한다.

훈육은 달성해야 할 목표가 분명한 활동이다. 특히 아이에게 사회적으로 필요한 습관을 들이기 위해 상과 처벌을 동원한다. 또 달성해야 할 목표가 명확하기 때문에 실패와 성공도 분명하게 알 수 있다. 아이가 떼를 쓰지 않거나, 거짓말을 하지 않거나, 밥 투정을 하지 않고 식사를 하면 성공이고, 그렇지 않으면 실패다.

반면 훈련은 과정이 분명한 활동이다. 아이가 떼를 쓰는 이유를 파악하고, 떼를 쓰지 않게 하기 위해서 양육자가 취해야 할 반응 행동을 순서대로 정한다. 가장 쉬운 단계부터 시작하고, 실패하면 그 단계를 더 잘게 나눈다. 그렇게 단계를 차근차근 밟아 반복하여 훈련하면, 아이는 혼나는 느낌 없이 목표를 성취할 수 있다. 즉 훈육은 아이를 가르치는 의미가 강하고, 훈련은 아이가 어려워하는 것을 도와주는 의미가 강한데, 아이 입장에서는 가르침보다 도움이 필요한 경우가 많다.

훈련은 엄마가 아이를 어떻게 대하는지를 스스로 아는 것에서부터 시작된다

문제는 우리나라의 엄마들이 아이를 훈련하는 데 필요한 기술을 별로 배운 적이 없다는 것이다. 몇 년 전 우리나라에 소개된 '프랑스 엄마식 교육법'이 바로 이 훈련을 시키는 기술에 관한 이야기다. 이 교육법은 우리나라 엄마들에게 새로운 육아법으로 알려져 인기를 끌었다. 그만큼 엄하고 단호한 엄마의 모습이 생소하다는 반증이기도 하다. 특히 아이를 처음 키워 보는 엄마들은 아이에게 공감하는 다정하고 친절한 엄마를 '좋은 엄마'로 여겨서, 되도록 아이가 원하는 것을 무엇이든 다 하게 해 주고 싶어 한다. 하지만 밤늦게 스마트폰이나 TV를 보거나, 아침에 늦게 일어나 어린이집에 못 가거나, 편식이 심해서 영양 불균형이 걱정되거나, 원하는 대로 해 주지 않으면 감당할 수 없을 만큼 떼를 쓰는 아이에게 공감이라는 전략은 아이의 나쁜 행동을 더욱 악화시키는 덫으로 작용하기도 한다. 이때 계속 공감을 하다가 아이에게 주도권이 넘어가면 훈련을 하는 게 어려워지고, 오도 가도 못할 난국에 빠진 엄마는 결국 '화'로 폭발을 한다.

나 역시 예외가 아니었다. 대학원에서 언어치료를 처음 배울 때였다. 그때 큰아이는 18개월로, 한참 두 단어 이상의 말을 터뜨리는 시기였다. 마침 학교 숙제로 아이의 자발화를 수집하게 되었다. 이제 막 말을 하는 아이들과 자연스럽게 놀면서 아이들의 말을 녹음 또는 녹화한 후 받아쓰는 과제였다. 나는 마침 내 아이가 딱 말을 시작한 시기였기 때문에 편하고 자연스럽게 집에서 숙제를 했다. 평소처럼 아이와 놀고 그 모습을 찍었다. 그러나 아이의 말을 받아쓰기 위해 영상을 틀었을 때의 당혹스러움이란 이루 말할 수가 없었다. 영상 속에는 굳은 표정으로 아이의 말을 듣지 않고 지시만 일삼는 한 젊은 엄마가 있었다. 그 엄마는 아이의 눈을 보지 않았고, 아이의 반응을 기다리지 않았고, 오직 자신이 하는 일에만 관심이 있었다.

"블록은 이렇게 쌓는 거야. 자, 빨간 거 어딨어?"

"아니 그렇게가 아니고 이렇게."

"자자 이거 봐. 얼른."

아이와 나의 대화를 죽 받아써 보니 나는 지시, 판단, 명령으로만 말하고 있었다. 부끄러웠다. 내 아이가 아니라 다른 아이였다면 그렇게까지 얼굴이 화끈거리지는 않았으리라. 그때 나는 완전한 초보 엄마였다. 그것도 '내가 꽤 잘하고 있다'고 믿고 있는 교만한 엄마. 하지만 내 모습을 한번 본 다음부터 그 생각은 완전히 버렸다. 이후 나는 아이와 이야기를 할 때 내가 과연 아이의 말을 잘 듣고 있는가, 아이에게 잘 반응하고 있는가를 점검하게 되었다. 물론 이 한 번으로 모든 것이 좋아지지는 않았고, 꾸준한 연습이 필요했다. 언어치료 실습을 하면서 치료 장면을 비디오로 찍어 동료와 선생님 앞에서 '수퍼비전'을 받으면서, 아이와 눈을 맞추는 방법, 아이에게 반응하는 방법, 아이를 수준에 딱 맞게 가르치는 방법을 몸에 익혀 갔다. 치료사로서 전문성을 갖추기 위해 받은 훈련이었지만, 내 아이를 키우기 위해서도 최고의 훈련이었다.

말 안 듣는 아이를 훈련할 때 엄마가 명심해야 할 것

엄마가 아이에게 꼭 가르쳐야 할 것은 일상생활 습관이다. 그리고 그 가르침은 훈련이라는 과정을 통해서 이루어진다. 경계를 확실히 정하고, 어떻게 하는지 행동으로 보여 주고, 함께 해 보는 과정을 반복하는 것이다. 그 첫 번째 단계는 엄마가 아이를 어떻게 대하는지 스스로 아는 것이다. 그래서 나는 치료실을 찾은 엄마들에게 아이와 노는 모습을 한번 찍어서 보시라고 권한다. 특히 아이와 갈등을 빚는 상황을 찍어서 보면 엄마가 어떤 감정으로 아이를 대하는지, 갈등 상황에서 엄마가 기여하는 부분은 무엇인지를 의외로 쉽게 알 수 있게 된다.

아이 역시 일상생활 습관이 몸에 배지 못해 어려움을 겪고 있다는 관점을 갖는 것도 중요하다. 이런 훈련의 과정을 엄마만 원하고 아이는 거부하는 게 아니다. 훈련은 도움이 필요한 아이에게 적절하게 도움을 주는 과정이다. 목표를 정하고, 목표에 따른 행동을 잘게 나누고, 아이가 할 수 있는 행동부터 함께 시작한다면 아이는 기꺼이 다음 단계를 향해 즐겁게 움직인다.

배움은, 자신이 어떤 상태인지를 정확하게 알고 조금씩 더 나은 행동을 하는 과정이 쌓이면서 일어난다. 이러한 배움의 과정을 거쳐야만 아이와 엄마는 성장할 수 있으며, 그러려면 엄마가 먼저 배움이 필요하다는 것을 인정해야 한다.

05

[대화법] 말 몇 마디로 아이를 바꾸겠다는 욕심을 버린다

아이에게 소리 한 번 지르고 나면 후회와 죄책감이 밀려온다. 화를 내지 않고 조근조근 우아하게 말하는 엄마들이 부럽기만 하다. 그런데 정말 '말'만 잘하면 아이를 바꿀 수 있는 걸까? 육아에서 '이것만 하면 모든 문제가 해결된다'는 그런 방법이 과연 있기는 할까?

큰아이가 일곱 살, 작은아이가 두 살 때 일이다. 작은아이의 엉뚱하고 귀여운 재롱에 빠져 육아의 시름을 잊던 시기였다. 그때의 큰아이를 기억해 보면, 호기심 많고 승부욕 가득한 개구쟁이 남자아이라기보다는 혼자 읽고 쓸 수 있으며 신변도 어느 정도 돌볼 수 있는, '꽤 다 큰 사람'의 이미지가 떠오른다. 천둥벌거숭이 같은 두 살짜리 앞에서 일곱 살은 어른이라고 불러도 손색이 없었다. 그래서 작은아이가 큰아이를 훼방 놓거나, 심지어 때려도 "다 큰 네가 참아라"라고 말하곤 했다. 아직 어린 동생이 그런 행동을 하는 건 당연한 일이라고 큰아이를 혼낸 기억도 있다. 그런데 어느 날 큰아이가 볼멘소리로 이렇게 말했다.

"엄마는 민서가 날 먼저 때려도 나만 혼내."

"민서는 어리니까 그렇지. 몰라서 그러는 거잖아. 그리고 민서가 진짜 잘못하면 엄마가 혼내잖니."

"하지만 민서를 혼낼 때도 엄마 눈은 웃고 있잖아."

뜨끔했다. 이 아이는 어떻게 알고 있었을까. 아이 말이 맞았다. 공들여 계획하고 원해서 낳았던 작은아이는 어떤 저지레를 해도 예뻐만 보였다. 우는 것도, 화내는 것도 그렇게 사랑스러울 수가 없었다. 내가 아무리 작은아이에게 '혼내는 말'을 한다고 해도 나의 태도와 감정은 말 바깥으로 흘러넘쳤을 것이다. 말로는 "안 돼!"라고 하지만, 큰아이 말대로 눈빛과 온몸으로 사랑과 웃음을 표현했을 것이다.

엄마의 섣부른 공감이
아이를 병들게 한다

말은 의사소통의 여러 수단 중 하나에 불과하다. 의사소통할 때 언어를 통해 전달되는 메시지는 겨우 7% 정도다. 나머지 93%는 목소리 톤과 표정, 태도, 분위기, 눈빛, 제스처 등의 신체 언어로 전해진다. 그러니 아무리 멋지고 훌륭하게 교양 있는 말을 한다고 해도 내가 상대를 좋아하는지, 싫어하는지, 진심으로 대하는지, 그냥 하는 말인지 같은 속마음이 전달되지 않을 방법이 없다. 훌륭한 말로 가득한 교장 선생님의 훈화가 그토록 지겹고 지루한 이유는, '나는 옳고 너희는 틀렸다'는 교장 선생님의 태도 때문이다.

엄마와 아이 사이의 대화도 마찬가지다. 엄마는 아이와 대화를 한다고 하지만, 기본적으로 엄마의 태도는 '엄마 말이 맞으니까 엄마 말 들어'다. 아이를 공감하려는 목적이 아이를 존재 자체로 이해하고 싶어서라기보다는, 잘 달래서 엄마가 기대하는 바람직한 방향으로 아이를 변화시키기 위한 것에 가깝다. 그렇다면 아이가 그걸 모를 리 없다. 예를 들어 보자. 상당히 많이 알려진 '공감의 대화법' 중 하나가 '~구나' 대화법이다. "네가 그렇게 힘들었구나" 또는 "정말 속상했구나" 하면서 아이의 감정을 읽어 주고 공감하는 방법인데, 아이를 이해하려는 노력 없이 이런 말만 쓰면 아이들은 화가 난다. 엄마가 자신의 편으로 건너오지도 않으면서 앵무새처럼 '~구나'만 반복하기 때문이다. 마침내 아이는 "'구나, 구나' 좀 그만해!"라고 소리치며 문을 쾅 닫고 나가 버린다.

이런 경우는 엄마가 자신의 감정에 충실하여 화를 내는 것보다 더 나쁘다. 아이에게 완전히 반대되는 메시지를 동시에 주기 때문이다. 표정과 태도는 차갑기 그지없는데 "그래서 화가 났구나"라고 말한다면 아이가 어떻게 반응할 수 있겠는가. 공감하는 듯한 말을 했기 때문에 말로 반박은 못 하지만, 몸으로는 엄마가 자신을 거부하고 비난한다고 느낀다. 엄마의 '말'이 주는 메시지를 따라야 할지,

엄마의 태도로 알게 된 메시지를 따라야 할지 몰라 아이는 혼란 속에 빠지고, 결국 옴짝달싹 못 하는 상태가 된다.

영국의 문화인류학자 그레고리 베이트슨은 이런 상황을 '이중 구속double bind'이라고 정의하면서 정신분열증(조현병)의 원인이 된다고 설명했다. 베이트슨은 발리 섬 주민 사이의 상호작용을 관찰한 결과, 이 이중 구속 상태가 주로 어머니와 아이 사이에서 나타남을 발견했다. 예를 들어 어머니가 아이에게 "힘들면 쉬어야지"라고 말하고 돌아서면서 혼잣말로 "그래서 어떻게 살려고…" 한다면 아이는 쉬어야 할지, 말아야 할지 몰라 혼돈에 빠지고 몸을 어떻게도 반응할 수 없는 정신 상태가 되는데, 이게 지속되면서 병증이 된다는 것이다.

대화법을 배워 아이를 바꾸겠다는 엄마의 태도 먼저 바꾸어라

'말'의 위력이 세상을 휘두르는 시대다. '말 한마디로 천 냥 빚을 갚는다'는 옛말대로 우리는 말 한마디로 천 냥 빚뿐만 아니라 인간관계도, 사랑도, 성공도 모두 얻고 싶어 한다. 그래서인지 서점에는 '말'을 공부하자는 책들로 가득하다. 하지만 언어치료사이자 상담사로서, 그리고 아이들에게 말을 하는 방법을 가르치고, 부모가 아이와 잘 지내도록 도와주는 직업을 가진 사람으로서 단언하건대, '말'은 수단일 뿐이다. 도구를 바꾼다고 해도 흙으로 목공예를 할 수는 없다.

미국 태생의 물리학자면서 의사소통을 오래 연구했던 데이비드 봄은 대화란 '상대방을 설득하는 것이 아니라, 공통 이해를 찾아내는 행위다'라고 말했다. 아이와 잘 대화하고 싶다면, 내가 원하는 것과 아이가 원하는 것을 먼저 살펴야 한다. 만약 엄마가 먼저 아이가 말하고자 하는 바를 살피려는 태도를 취하면, 엄마가 어떤 말을 해도 아이는 귀신처럼 그 태도를 느끼고 마음을 연다. 마법이라면 그게 마법일 것이다.

물론 말을 바꾸어서 얻는 효과도 있다. 습관적으로 하던 나쁜 말버릇이나 짜증 섞인 어투를 고치면, 그건 말의 내용 때문이라기보다는 예전과 다른 행동을 해서 얻어지는 훈련의 효과다. 어떤 경우에도 말보다 태도와 마음이 우선이다. 아이를 존중하는 태도, 도우려는 마음을 가진 엄마가 하는 말은, 그것이 무엇이든 다 옳다.

06 [자율성] 먼저 나서지 않고, 웬만한 일은 아이 스스로 해결하게 한다

지난 3월, 아이가 특수학교로 전학했다. 그리고 '시설 입소 장애인'이 되었다. 나로서는 간단한 일이 아니었다.

나는 대학원에서 언어병리학을 공부를 하면서, 장애인을 바라보는 다른 시선을 배웠다. 장애인은 부족하고 비정상적인 사람이 아니라, 능력과 감각이 다르고 특별한 지원이 필요한 사람일 뿐이라는 '새로운' 시선 말이다. 그래서 그 학문에서는 통합 교육을 매우 중요하게 여긴다. 나 또한 시각장애나 청각장애와 같은 감각 장애, 지체장애는 보조 도구만 적절하다면 원칙적으로 사회에 완전 통합이 가능하다고 배웠다.

그러나 그게 어디 말처럼 쉬운가. 현실에서는 확대 교과서를 받는 일도, 보조 기기를 지원받는 일도, 발밑이 잘 보이지 않는 아이를 위해 도우미를 요청하는 일도, 시험 시간과 시험지를 아이에 맞게 조정하는 일도, 기숙사에 입소하는 일도 한 번에 해결되지 않았다. 늘 설명해야 했고, 먼저 요청해야 했다. 장애가 있다고 하면 사람들은 난감해 하기부터 했다. 그렇게 '애써서' 통합하여 10년을 살았다. 어렵고 막막했지만, 가야 하는 길, 옳은 길이라 믿었다.

엄마는 아이보다 아이를 더 잘 알고 있는가?

작년 가을, 특별한 가정 통신문을 받았다. 시각장애 특수학교에서 일반 학교에 다니는 저시력 아이를 대상으로 시기능을 검사해 준다고 했다. 아이 한 명당 네다섯 명의 교사가 붙어 서너 시간을 검사했다. 그 결과, 아이는 오른쪽 눈이 맹blind이라 왼쪽 시야가 넓을 줄 알았는데 보상작용(?)으로 오히려 오른쪽 시야가 더 넓다는 것, 묵자로 24포인트는 되어야 편하고 정확하게 글씨를 읽을 수 있다는 것, 읽는 속도가 기대보다 꽤 느리다는 것, 점자도 고려할 만하지만 지금 배우기에 효율이 떨어진다는 것, 어떤 보조 기기가 적합하다는 것 등 그동안 너무나도 알고 싶었으나 어디서도 알려 주지 않던 사실들을 단번에 알게 되었다. 아이는 첨단 보조 기기에 마음을 쏙 빼앗겼다. 가벼워 들고 다닐 수 있으면서 원거리 칠판과 근거리 책을 모두 확대해 볼 수 있고, 강의 녹음과 캡처뿐만 아니라 인터넷 연결도 가능했다. 진로 담당 교사는 아이의 성적과 장애 등

급, 시기능을 살펴보고는 가능한 진로와 진학 계획을 줄줄줄 '브리핑' 했다. 그래서 올해 초, 100% 아이만의 의지로, 일반 인문계 고등학교에서 시각장애 특수학교로 전학했다. 통합에서 분리로, 재가에서 시설로.

통합 혹은 탈시설을 최우선 가치로 여겨 온 탓일 것이다. 나는 특수학교와 시설(학교에 기숙사가 없어서 옆 건물인 장애인 시설에 입소했다)을 따뜻하게 보기 어려웠다. '결국 통합에서 밀려나게 되는구나' 싶은 씁쓸함도 있었다. 그러나 아이는 확고했다. "이것이 내게 필요한 것"이라고 했다. 사회에 나갔을 때 '시각장애인'으로 살게 될 텐데, 그때 뭐가 필요한지를 이 학교에서 알려 줄 거라고 했다.

얼마 전, 아이 학교의 상담 선생님은 우연히 들은 아이들끼리의 대화를 넌지시 전했다. 일반 학교에서 특수학교로 전학을 온 아이들끼리 모여서 언제부터 장애를 가졌는지, 부모님은 장애를 어떻게 생각하시는지, 앞으로 뭘 하고 싶은지를 솔직하게 이야기하는데, 우리 아이가 "우리 엄마 아빠는 내 장애를 못 받아들이는 것 같아"라고 말했다고 했다. 그 말을 들은 다른 아이가 "당연하지. 그걸 쉽게 받아들이는 부모가 어디 있겠냐"고 답했다는 말도 전했다.

그 말을 듣고 나는 뒤통수를 한 대 맞은 듯 멍했다. '그랬구나…. 통합은 어쩌면 나한테만 중요한 문제였겠구나. 엄마의 통합 의지는, 어쩌면 아이에게는 '있는 그대로의 자신'을 받아들이지 못하는 것으로 비추었을 수도 있었겠구나. 비장애 중심 사회에서 '통합'되어 살아가는 일은 매 순간이 분투였겠구나. 이 아이에게 필요했던 건 서로의 상처(어쩌면 그들만의 독특함)로 연결된 따뜻한 공동체였겠구나.'

정말 엄마는 아이보다 더 나은가?

나는 언어치료사로 일하면서 매일 발달 장애 아이들을 만난다. 세상을 다르게 느끼는 아이들, 자기 세계가 분명한 아이들과 씨름하다 보면, 있는 그대로 온전한 아이들을 우리가 편하자고 우리 쪽 기준에 맞추려는 건 아닌가 하는 생각이 가끔 든다. 파란색만 좋아하는 것, 음향에 탐닉하는 것, 혀와 입의 감각으로 세상을 인식하는 것은 그 아이들만의 독특함이자 취향일 텐데, 굳이 우리 세계에 적응하도록 아이들을 가르치는 것, 즉 통합은 돌보는 사람의 이슈가 아닌가 하는 생각 말이다.

시각장애를 갖게 되었을 때 아이는 늘 내게 불편하지 않다고 말했다. 아이 덕에 만났던 다른 시각장애 아이들도 괜찮다, 불편하지 않다, 할 수 있다고 말했다. 청각장애인들은 그들 나름대로 역동적인 수화 대화를 나눈다. 시각장애인들은 작은 소리 하나도 의미 있는 신호로 받아들이고 활발하게 소통하며, 늘 먼저 인사를 건넨다. 발달 장애인들은 때로 소통 없이도 충분해 보인다. 그러니까 이런 질문들이 떠오른다. 누가, 어디로, 왜 통합 혹은 차별 철폐를 원하는가? 정말 나는 아이를 위해서 통합 혹은 차별 철폐를 원하는가?

요즘 나는 내가 속한 비장애 이성애 중심 공동체가 장애 비이성애 공동체보다 무엇이 더 나은지 잘 모르겠다. 솔직하고 사랑이 많고 즐겁고 순수하고 따뜻한 다운증후군 아이를 보면, 내가 이 아이에게 배워야 할 것이 더 많은 것 같다. 역할 기대 없이 자신을 전면적으로 드러내어 서로가 솔직하게 만나는 동성애 공동체를 보면, 부러워지기도 한다. '엄마는, 아빠는, 여자는, 남자는, 딸은, 아들은… 이래야 해'라는 온갖 속박에 뒤덮여, 우리는 얼마나 서로를 갉아먹는가. 그러니 진지하게 되묻게 된다. 정말 우리가 그들보다 더 나은가? 우리 공동체 안에 서로에 대한 연민과 존중, 사랑과 배려, 다른 존재에 대한 열린 마음이 더 많다고 자신 있게 말할 수 있는가?

아이들은 웬만한 일은 스스로
결정하고 해결할 능력이 있다

큰아이가 특수학교로 전학하기 전, 2년 늦게 일반 인문계 고등학교에 들어갔을 때의 일이다. 처음에는 집에서 먼 학교에 입학해 기숙사 생활을 했는데, 도저히 체력이 따라 주지 않았다. 결국 아이는 여름방학이 끝나고 집에서 통학할 수 있는 고등학교로 전학했다. 새 학교에 별 탈 없이 잘 적응하나 싶었는데, 어느 날 학교에서 돌아온 아이가 흥분된 목소리로 "엄마, 오늘 학교에서 별일 있었어"라고 이야기를 꺼냈다. 하굣길에 3학년 남자아이 몇 명이 아이를 놀리듯이 불렀나 보다. 그렇게 부르지 말라고 했는데도 계속 비꼬면서 놀리자, 아이는 정색하고 "하지 마"라고 경고를 했단다. 그러자 남자아이들은 욕설을 섞어 가며 폭력적인 언행을 하기 시작했고, 아이가 신고하겠다고 하자, '어깨빵(의도적으로 어깨를 치고 가는 것)'을 하면서 "신고할 테면 신고해 봐. 이 장애인 새끼야"라고 했다는 것이다.

우리 가족은 모두 기가 막혀 할 말을 잃었다. 아이 아빠는 애써서 "쯧쯧, 남자애들이란…"이라며 흥분을 가라앉히려고 했으나, 아이는 물러서지 않고 신고하겠다고 했다. 나는 도와주겠다고, 네가 원하는 데까지 가 주겠다고 했다.

말은 그렇게 했지만, 걱정이 안 되는 건 아니었다. 아이는 눈앞에서 자신을 치고 간 아이들의 얼굴도 기억하지 못했다. 목소리를 들어야 알 것 같다고 했다. 그런 상황이니 그 아이들이 정말 원한을 품고 보복하면 어쩌나, 혹시라도 하굣길에 아이에게 해를 입히고 도망가면 어쩌나 하는 걱정이 꼬리를 물었다. 등굣길에 아이에게 "너 신고하는 거 걱정은 안 돼? 그 아이들이 해코지할 수도 있잖아" 라고 물었다. 아이는 그럴 것 같지는 않다고, 또 그게 무섭지는 않다고 했다. 하루 종일 신경이 쓰였지만 무소식이 희소식이라는 마음으로 걱정을 꾹꾹 눌러 참았다. 저녁에 집에 와서 보니, 다행히 아이는 일이 잘 마무리가 됐다고 했다. 담임선생님과 인성·인권부장 선생님에게 말했고, 선생님은 그 아이를 불러 진술서를 쓰게 하고, 사과하게 했다고 했다. 아이는 충분히 진심이 느껴지고, 흡족할 만한 사과였다고 했다.

물론 아이도 선생님에게 말할 때 떨렸고, 내 얘기가 안 받아들여지면 어쩌나 하는 걱정이 들었다고 했다. '만약 그러면 117에 신고해야지'라는 결심도 했단다. 아이는 이번 일을 겪으며 자신감이 좀 생겼으며, 앞으로 비슷한 일이 생겨도 잘 대처할 수 있을 것 같다고 말했다. 아이의 목소리와 태도에 힘이 들어가 있었다. 인성·인권부장 선생은 내게 전화를 걸어 "아이가 주눅 들지 않고 당당하다"며 걱정 마시라고 했다. 나는 비로소 가슴을 쓸어내렸다.

직접 부딪쳐서 성장할 기회를 줘라

마무리는 잘 되었지만, 나에게도 아이에게도 결코 작지 않은 일이었다. 몇 년 전만 해도 아이가 받는 차별은 부모를 향해 있었다. 공개수업 시간에서 배제된 것, 풋살 대회에 참여를 못 하게 된 것, 기숙사 입소가 거절된 것 등은 교사가 편의를 위해 실시한 차별이었고, 부모인 내가 나서야 했다. 또래 혹은 선후배 사이에서 일이 생긴 건 그때가 처음이었다. 드디어 아이가 자신의 삶의 현장에서 갈등을 마주하게 됐고, 이런 갈등이야말로 앞으로 현실에서 더 자주 마주하게 될 종류의 것이었다. 아마 아이는 새로운 부딪힘을 계속 경험할 것이다. 그리고 부딪치면서 단단해질 것이다. 어쩌면 부딪치는 것이야말로 단단해지는 유일한 방법일지 모른다.

아이는 이미 자신이 걸어가야 하는 길이 어떤 길이고, 앞으로 그 길을 어떻게 갈 것인가에 대해 엄마보다 더 잘 알고 있는지도 모른다. 엄마는 아이를 사랑하고 걱정하는 마음에 아이의 일거수일투족에 관심을 두고, 때로는 먼저 나서서 문제를 해결해 주려고 하지만, 그것은 '아이 일은 아이보다 내가 더 잘 알고 있으며, 내가 아이보다 더 나아'라는 엄마의 오만인지도 모른다. 아이는 자기 몫의 어려움을 차근차근 극복하며 조금씩 성장하고 단단해질 것이다. 엄마는 그 소중한 기회를 먼저 나서서 빼앗아 버리지 말아야 한다.

나는 그저 아이가 보이거나 보이지 않는 벽에, 내면의 벽이나 외면의 벽에 부딪힐 때마다, 등 뒤에 있는 부모를 느끼기를 바란다. 그리고 자신을 사랑하고 지지하는 수많은 사람들의 따뜻한 힘을 느끼기를 바란다. 아이가 두려움을 느낄 때 그 힘을 떠올리며 한 걸음 내디딘다면, 나는 부모로서 할 일은 다 했다고 말할 수 있을 것 같다.

07

—

[태도] 천천히 느긋하게 아이를 대하는 연습을 한다

'직장을 그만두고 가족 모두가 아무런 연고도 없는 시골로 갔다.' 그 사실만으로도 사람들은 대단하다, 용감하다며 찬사를 보냈다. '아무나 못 하는 일이다'라면서 추켜세우기도 했다. 그러나 나는 그 찬사 아닌 찬사 뒤에는 걱정과 불안이 숨어 있다는 걸 느꼈다. 왜 아니겠는가. 일단 일은 저질렀지만, 나 역시 시골에 내려가서 생계를 해결하지 못하면 어쩌나, 열심히 쌓아 놓은 사회적 기반들을 영영 다시 찾지 못하면 어쩌나, 정작 시골에서 적응하지 못하면 어쩌나 하는 걱정에 시시때때로 시달렸다. '지금'밖에 없다는 절박하고 간절한 마음으로 서울 집을 정리하고 지리산으로 내려왔지만 불안과 걱정, 두려움은 여전했다. 그러나 새로 정착한 시골에서 도시에 있었다면 절대 배우지 못했을 소중한 배움을 만날 수 있었다.

배움 1, 느긋하게 머무르기

5톤 이삿짐 차량과 1톤 트럭에 이삿짐을 싣고, 굽이굽이 펼쳐진 지리산 제1관문 오도재 고개를 넘어 백무동 아랫마을에 살림을 꾸린 지 한 달쯤 지났을 무렵이었다. 머리카락이 보송보송 자라기 시작한 큰아이는 걸어서 10분 거리에 있는 초등학교로 '무사히' 등교했고, 다섯 살 작은아이도 병설 유치원에 다니고 있었다. 모든 것이 제자리로 돌아오고 있는 듯했다.

그 어느 봄날, 아침에 눈을 떴는데 지금 이곳이 어디인지 알 수 없는 몹시 낯선 느낌이 들었다. 방안의 구조, 가구의 위치를 하나하나 되짚어 보고서야 "아, 여기는 지금 지리산이지. 얼마 전에 이사 왔지"라는 자각이 들었다. 곧이어 자동 응답기처럼 머릿속으로 질문 몇 개가 떠올랐다.

'오늘 해야 할 일이 있는가?'

'오늘 만나야 할 사람이 있는가?'

'오늘 가야 할 곳이 있는가?'

놀랍게도 이 질문에 대한 답은 모두 '없다'였다. 해야 할 일도, 가야 할 곳도, 만나야 하는 사람도 없는 하루가 온전히 내게 주어졌다는 사실을 깨닫자, 갑자기 온몸의 세포들이 모두 환하게 깨어나는 듯했다. 자리에서 벌떡 일어나 마당으로 나갔다. 봄빛이 가득한 연두색 잔디 마당 위로 햇볕이 따뜻하게 내리쬐고 있었다. 나비 몇 마리가 느리게 날개를 움직였다. 푸른 하늘을 이고 있는 큰 산이 든든하게 다가왔다. '환희'라는 말이 딱 들어맞는 순간이었다.

그 환희의 정체는 '아무것도 하지 않을 자유'였다. 아이가 병에 걸리고 1년 동안, 아니 그 이전부터 오랫동안 일상의 대부분을 차지했던 '해야만 하는 일', '하도록 되어 있는 일'이 걷혔다. 문득 몸의 감각이 있는 그대로 느껴지고 가슴이 터질 것만 같았다. 풀 한 포기, 나비 한 마리, 바람 한 줄기마다 생명의 펄떡임이 깃들어 있었다. 그 생명의 잔치 마당 한가운데에 내가 있었다. 나는 아직도 그 순간에 내게 찾아왔던 감각을 고스란히 기억한다. 그 순간을 떠올리면 따뜻한 진동이 가슴에서부터 온몸으로 퍼져 나가고, 당장 해야 하는 일들로 인한 걱정들이 저편으로 사라지고, '지금 여기'에 느긋하게 머무르게 된다.

살다 보면 때로 멈추고 싶을 때가 있다. 아이의 교육을 위해, 치료와 회복을 위해, 생계를 위해, 미래를 위해, 노후를 위해, 마치 컨베이어 벨트 작업장에서 공장 노동자가 일감을 처리하듯 그렇게 하루를 보내고 나면 '지금 뭐 하고 있는 거지?'라는 생각이 들 때가 있다. 그럴 땐 잠깐 눈을 들어 산과 들과 하늘을 본다. 그러면 굳이 다음으로 미루지 않아도, 지금 여기에 머무르면서 '지금 저 산의 나무는 단풍이 곱구나', '오늘 밤하늘에는 은하수가 보이는구나' 등을 저절로 느끼게 된다.

잠시 멈추어 느긋하게 순간에 머무르는 힘. 그게 지리산이라는 큰 자연에서 내가 얻은 제1의 배움이다. 한번 멈추어 보면, 주변 상황에 휘둘리지 않고 '나로서' 살 수 있다. 언제든 아이의 눈빛 속에서 광활하고 깊은 우주를 느낄 수 있다. 도시에 산다고 그것이 가능하지 않으리라는 법은 없다.

배움 2,
너무 애쓰지 않고 순하게 받아들이기

지리산에 내려온 다음 해부터 우리는 농사를 지었다. 농사를 업으로 삼을 생각은 아니었다. 1년여 지내다 보니 시골에서 아이들을 데리고 세입자로 산다는 게 불안해져서 땅을 구했다. 집짓기는 다음으로 미루고, 그 땅에 벼도 심고 곶감도 만들어 팔았다.

벼가 충분히 키가 크고 나락이 실하게 달렸던 8월 어느 날이었다. 한반도 남쪽에서 연이어 태풍 두어 개가 몰려왔다. 제주도와 남쪽 해안가에서 피해가 보고 되었고, 태풍이 밤새 상륙하니 대비하라는 방송이 계속되었다. 어떻게 대비해야 할까? 벼가 쓰러지지 못하게 묶어 놓을 수도 없고, 담장을 치고 지붕 덮을 수도 없는 노릇이었다. 아무리 생각해도 태풍이 오는 것을 피할 방법이 없었다. 바람에 나락이 다 떨어진다면 그 또한 막을 방법이 없었다. 다음 날 논에 가 보니 다른 논의 벼들은 양탄자처럼 쓰러졌는데, 화학비료를 치지 않아 키가 짤막했던 우리 벼는 다행히 무사했다. 어느 해에는 대단한 봄 가뭄에 양수기도 고장이 나, 말 그대로 논이 거북 등처럼 쩍쩍 갈라졌던 적도 있다. 곶감을 만들어 팔면서는 이상 기온으로 곰팡이가 생겨, 만든 곶감의 반을 내다 버렸던 적도 있다. 모두 속수무책인 경험이었다. 계획도 불가능하고, 대비할 수도 없는 일들이 자꾸 농사를 짓는 동안에 생겼다.

처음에는 예상치 못한 재앙이 닥치면 모든 것이 망가질 것처럼 전전긍긍했다. 가뭄에 물을 대지 못할 때도 언 발에 오줌 누기인 줄 알면서도 끊임없이 '할 수 있는 일'을 찾았다. 곰팡이가 핀 곶감 몇십 상자를 버리기 직전까지도 선풍기를 틀었다. 재앙을 어떻게든 피해 가고 싶었다. 그런데 신기했다. 몇 번 재앙을 경험하면서 내 입에서 '어떻게 될지는 모르지만…'이라는 말이 자연스럽게 흘러나왔다. 어떤 일이든 계획하고 실행할 땐 결과가 좋기를 기대하지만, 그렇지 않을 수도 있다는 것을 순순히 받아들이게 되었다. 태풍이 지나가도, 곶감에 곰팡이가 생겨도, 쌀농사가 망해도 삶은 흘러갔다. 그리고 안달복달했던 것만큼 결과가 괴롭지 않았다.

당시 나는 조혈모세포 이식을 마친 큰아이에게 숙주 반응이 일어나지는 않을까, 다시 암세포가 고개를 들지는 않을까, 그래서 결국 아이가 죽게 되지 않을까 하는 근본적인 두려움이 있었다. 농사일은 그런 나에게 어쩔 수 없는 일을 받아들이는 법을 알려 주었다. 할 수 없는 것을 받아들이면, 할 수 있는 것을 바꿀 수 있는 힘이 생긴다는 것을. 할 수 없는 것과 할 수 있는 것을 구분하는 일도 가능하다는 것을. 삶은 고통마저 품은 채 흘러간다는 것을. 이 모든 교훈을 나는 자연을 통해 배웠다. 아이 때문에 마음이 급해질 때, 남들처럼 못 될까 봐 불안할 때, 내 마음처럼 안 되어 화가 날 때, 순하게 받아들이겠다고 결심해 보라. 그리고 내가 겪고 있는 일을 저 멀리 화성이나 은하계에서 보고 있다고 생각해 보라. 기대하고 바라고 애쓰지 않아도 괜찮다는 깨달음이 저절로 올 것이다. 저절로 천천히, 느긋하게 아이를 대하게 될 것이다.

배움 3,
소중한 이웃과 더불어 살아가기

당신은 지금 어떤 이웃과 살고 있는가? 어떤 공동체에 속해 있는가? 나는 도시에서는 초등학교 학부모로서 1년 남짓 이웃을 만난 일 외에는 이웃에 대한 특별한 기억이 없다. 그것도 대개 아이의 사교육을 중심으로 모였다가 헤어지는 모임들이었다. 함께 사는 이웃이라기보다 어떤 욕구와 목적을 두고 만나는 이익집단에 가까웠다.

지리산에서 만난 사람들은 그렇지 않았다. 진짜 '이웃'이었다. 버스 몇 번 다니지 않는 골짜기 깊은 마을에는 낯선 사람이 드물었기 때문에, 서로가 서로를 다 알았다. 지나가는 자동차의 차종과 번호판만 보고서 어느 마을 누가 어디로 가는지 짐작할 수 있었다. 애쓰지 않아도 이웃의 대소사를 저절로 알게 되었다.

귀농한 사람들은 도시에서와 다른 삶을 살고자 했으므로 욕구나 목적보다는 의미를 두고 모였다. 생태, 공동체와 같은 가치를 경쟁,

능력보다 더 중요하게 생각했다. 공동육아를 소리 높여 주장하지 않아도 자연스럽게 아이를 같이 키우고, 같이 놀고, 같이 공부했다. 비슷한 나이의 친구도 생겼고, 언니도 동생도 생겼다. 가족보다 더 자주 만나고, 더 깊이 속 이야기를 나누고, 서로의 가치를 존중하고 공유했다. 나는 여기서 생전 처음으로 '마을 사람'이라는 정체성을 얻었다. 10여 년은 짧지 않은 세월이라, 사람들 사이에 갈등도 있고 생로병사도 당연히 있었지만, 갈등 때문에 그 사람을 다시 보지 않는 일은 별로 없었다. 익명의 숲 뒤에 숨는 것은 도시에서나 가능한 일이었고, 사람이 얼마 없고 관계가 여러 가닥으로 얽혀 있는 시골에서는 '불편한 사람과 끝까지 함께하기'라는 덕목이 반드시 필요했다.

내가 지리산에서 만난, 단 한순간이라도 인간 대 인간으로서 깊은 교감을 나눴던 사람들의 이름을 죽 적어 본 적이 있다. 그 '의미 있는 사람들'의 목록은 30명을 넘어 갔다. 그 이름들을 보고 있자면, 그들과 내가 엮어 냈던 다양한 삶의 무늬들이 떠오르면서 든든하고 고마운 마음이 든다. 옆집 코흘리개가 어느새 키 껑충한 고등학생이 되어 의젓해지는 모습을 보면 감동이 밀려오고, 이웃의 대소사에 함께하다 보면 '같이 살아가고 있다'는 애틋한 유대감도 생긴다.

여러 심리학 연구에 따르면, 사람들은 자신이 속한 공동체가 있고, 거기에 소속감을 강하게 느낄수록 더 많은 삶의 의미와 더 깊은 행복감을 느낀다고 한다. 아마 공동체란 나와는 다른 사람들과 함께 삶을 버티는 시공간을 아우르는 말일 것이다. 그 사람들을 생각할 때 나는 외롭지 않다. 마치 서로 기대어 흔들리는 가을 들판 억새처럼, 함께 살아가는 것 자체가 고맙다. 아이에게 물려주어야 하는 중요한 것 중의 한 가지는, 지루하고 뻔한 관계를 넘어 다양한 좋은 사람들과 함께 살아가는 공동체라고 생각한다. 삶의 본질적인 가치를 생각하며 '같이' 살아가는 공동체는 '나'라는 한 인간의 한계를 넘어서 아이를 잘 키울 수 있는 유일한 길이다. 나의 인생과 아이의 인생이 더불어 풍요로워지기 위해서라도 공동체는 꼭 필요하다. 그리고 아이 엄마로 있을 때 공동체를 만들기가 가장 쉽다. 도움이 필요하지 않은 엄마는 없기 때문이다. 나와 같거나 다른 사람들과 함께 살아가는 즐거움과 풍요로움을, 엄마로 있을 때 꼭 만끽하길 바란다.

08 [교육] 아이가 학교에 들어가기 전, 한 번쯤은 교육관을 정립한다

내가 서울을 떠나기로 마음먹었던 것은 단순히 아이가 원해서였기 때문만은 아니었다. 마당 있는 집에서 동물과 식물을 키우고자 한다면, 그런 집은 수도권 근교로만 나가도 얼마든지 찾을 수 있었다. 굳이 서울에서 300km나 떨어져 있는 지리산 자락까지 온 것은 학교에 대한 생각이 완전히 바뀌어서였다.

학교, 마냥 믿을 수도 없고, 그렇다고 안 보낼 수도 없다면

아이가 아프기 전까지 내게 학교는 당연히 따라가야 하는 삶의 중요한 코스였다. 아이는 학교에서 능력을 키우고 선보이면서 인생에서 성공할 수 있는 길을 찾아갈 것이다. 학교에서 성공한다면, 사회에서도 성공하고 인생에서도 성공할 것이었다. '어떤 학교가 아이에게 좋은 걸까?'라는 고민은 했지만, 학교를 벗어난 삶은 상상하지도, 상상할 필요도 없었다.

하지만 큰 병을 앓은 후 장애를 지닌 아이를 데리고 다시 찾아간 학교는 예전과 다른 느낌으로 다가왔다. 학교에서 '내 아이'를 위한 공간은 보이지 않았다. 꽉 짜인 시간표와 '하도록 되어 있는' 교육과정, 경쟁과 평가가 일상화되어 있는 곳. 내가 교사라도 30명 남짓한 아이들의 사정을 세심히 살펴 가면서, 동시에 정해진 진도대로 가르치는 것은 불가능해 보였다. 아픈 아이, 장애가 있는 아이는 이리저리 치이다가 천덕꾸러기가 되기 딱 좋았다.

그럼 어떻게 할 것인가? 학교는 성실하고, 창의력도 있고, 공부도 잘하며, 인성도 좋은 아이를 원하고, 또 학생들을 그렇게 만들고 싶어 한다. 그러나 내 아이는 아프면 수업을 빠져야 하고, 다른 아이들과 같은 속도로 배우지도 못하며, 남을 배려하기는커녕 자기 앞가림도 잘 못하는 처지다. 아이는 특별한 주의와 세심한 도움을 필요로 하고, 이런 배려들이 제대로 다 주어지면 공부를 따라갈 수도 있을 것이다. 그렇게 해서 공부를 잘하면 학교에서도 함부로 대하지는 않을 것이다. 하지만 굳이 그래야 할까? 그리스 신화에 나오는 프로크루스테스의 침대처럼 "자, 여기에 몸을 맞춰"라고 말하는 학교 앞에서 아이의 몸을 억지로 늘여야 할까? 한 사람이 성장하는 데 학교는 어떤 의미를 가지는가? 우리는 왜 학교에 아이를 보내는가? 학교에서 성공하기만 하면 인생에서의 성공이 과연 보장되는가? 학교가 먼저인가, 아이의 삶이 먼저인가?

이것은 기준을 어디로 정하느냐의 문제였다. '학교를 기준으로 아이와 나를 바꾸느냐, 아니면 아이를 기준으로 학교를 대하느냐'라는 아주 중요한 문제. 얼마간 깊이 생각한 끝에 나는 아이의 건강과 안녕을 절대적인 기준으로 삼기로 했다. 학교를 '쓰고 버리는 패'로 삼기로 했다. 그동안 학교에 맞추려고 했던 교육의 주도권을 엄마인 내가 움켜쥐기로 했다. 그 주도권은 부지불식간에 내가 학교와 입시와 제도에 주어 버린 힘이었다. 아이를 키우는 데 학교가 필요하다면, 필요한 부분만 '이용'할 것이다. 필요하지 않은 것은 취하지 않을 것이다. 학교가 원하는 기준을 일방적으로 아이에게 요구하지 않을 것이다. '학교에 아이를 어떻게 맞출 것인가'보다 먼저 '아이가 원하는, 혹은 아이에게 필요한 그 무엇이 학교에 있는가?'를 살필 것이다. 학교에 대한 태도를 그렇게 바꾸고 나니 움츠러들었던 어깨가 펴졌다.

'다닐 만한 학교가 어디에 있는지 한번 보자'는 마음이 되었다.

내 아이가 지금 필요로 하는
교육은 무엇일까?

우리 아이는 여러 종류의 학교를 다녔다. 서울의 공립 초등학교 두 곳(강남, 강북), 건강 장애 아이들을 위한 병원 학교, 벽지 지역 공립 초등학교, 벽지 지역 공립 중학교, 비인가 대안 학교 고등 과정, 공립 기숙형 일반 고등학교, 농어촌 일반 인문계 고등학교에다 시각장애인 특수학교까지. 어떤 학교를 꼭 보내야겠다고 작정한 바는 없었고, 여건이 주어지는 대로 혹은 마음 가는 대로 선택하다 보니 이렇게 되었다.

서울 일반 초등학교에서 1학년, 병원 학교(건강 장애 학생들이 학교에 가지 않고도 수업을 받을 수 있도록 마련한 일종의 통신 특수학교)에서 2학년을 다닌 다음, 지리산으로 이사를 와서 다닌 학교는 '벽지 학교'였다. 학교 앞에는 구멍가게도, 문방구도, 아무것도 없었다. 볼펜 하나, 사탕 하나를 사려고 해도 2km를 걸어가야 했다. 당연히 학원도 없었고, 무엇보다 '그러다가 나중에 어떻게 하려고'라며 협박하는 사교육 시스템, 교사, 이웃 학부모가 없었다. 학교는 아이가 심심한데 갈 곳이 없으니까 가는 곳이었다. 친구도 만나고, 공부도 하고, 맛있는 밥도 먹는 곳이자 방학 때 아이들이 개학을 손꼽아 기다리는 곳이었다.

이곳에서 아이는 공립학교에서 누릴 수 있는 최대한의 배려와 지지를 받았다. 한 반에 학생들이 모두 열 명이었고, 그중 네 명이 특수교육 대상자였다. 학교 전체에 특수교육 대상자가 일곱 명이 되자 법에 따라 두 개의 특수학급이 마련되었다. 아이는 시각장애로 인한 특수교육 대상자였지만, 일반 교실에 완전히 통합되어 수업을 받았다. 칠판 글씨가 잘 보이지 않으면 수업 중에도 얼마든지 앞에

나가 보이지 않는 글자를 확인할 수 있었다. 지리산 뱀사골 단풍이 한창이면 학교에 빠지고 단풍 구경을 갔다. 눈이 오면 스쿨버스가 다닐 수 없어 휴교령이 떨어졌고, 아이들은 환호하며 집에서 눈사람을 만들며 놀았다.

초등학교 3학년부터 중학교 3학년까지 7년을 시골 공립 초중등학교에서 보낸 이후에 선택한 곳은 집 근처에 있는 대안 학교 고등과정이었다. 원래는 40km쯤 떨어져 있는 고등학교에 입학했지만, 조혈모세포 이식 후 면역 기능이 회복되지 않아 도저히 기숙사에서 생활할 수 없었다. 게다가 그때는 당장 건강하게 사는 것 말고는 진로에 대해 어떤 계획도 세울 수 없었기에, 집 근처에서 '입시 아닌 공부'를 할 수 있는 대안 학교에 다니기로 했다.

아이는 그곳에서 농사, 살림, 타로, 일본어, 글쓰기, 지리산 둘레길 걷기, 해외 공동체 탐험 등의 수업을 형편에 따라 들었다. 첫 학기 때는 체력이 따르지 않아 3분의 1 이상 결석하기도 했다. 2년 동안의 대안 학교 고등 과정을 졸업한 다음, 아이는 다시 일반 고등학교로 복귀했다. 엄마인 나의 바람으로는, 대학에 갈 필요가 있으면 자퇴를 하고 검정고시를 보았으면 했다. 하지만 아이는 진로를 '동네 중학교 영어 선생님'으로 정했고, 공립 중학교 영어 선생님이 되려면 사범대학을 가야 하는데, 거의 모든 사범대학에서 검정고시 출신은 응시 자격에 포함하지 않았다. 응시라도 하려면 학생부가 필요했는데, 그것은 고등학교 전 과정을 경험하지 않고서는 얻을 수 없었다. 고등학교 1학년을 마친 후에는 시각장애인 특수학교로 전학했다. 그곳에서는 시각장애인 개개인에 맞게 교육과정을 마련해 주었고(원래 특수교육 대상자에게는 개별화 교육 계획이 수립되게 되어 있다), 이 학교를 다니면서 아이는 한층 발전된 보조 기기를 접하고, 사회에 나가서 시각장애인으로 살 때 필요한 도움이 어떤 것인지를 알 수 있었다.

첨예한 교육 문제일수록 무조건 따르지 말고 그때그때 유연하게 대처하라

내가 이렇게 우리 아이의 학교 편력을 길게 풀어놓은 이유는 단 하나다. 학교를 위해, 혹은 학교에서 원하는 가치를 위해 아이를 바꾸려 하지 않았다는 것. 그리고 모든 과정이 면밀한 계획에 의해 이루어진 것이 아니라, 그때그때 변화하는 상황과 그에 맞게 변화하는 마음에 따랐다는 것을 말하기 위해서다.

엄마들은 마치 좋은 학교에 가기만 하면, 혹은 학교에서 성공하기만 하면(즉 좋은 성적을 거두기만 하면) 아이 인생이 탄탄하게 열릴 것으로 기대한다. 게다가 좋은 학교에 보내는 것은 엄마들이 달성해야 할 성취로 받아들여지기도 한다. 그러나 지금 한국의 학교는 그럴 만한 가치가 없다는 게 내 생각이다. 그렇다고 현실적으로 학교를 배제하고 살아갈 수도 없고, 학교에서 아이가 친구 관계를 비롯해 다양한 경험을 할 수 있는 것도 명백한 사실이다. 그러므로 우리는 학교에 대해 보다 유연하게 대처할 필요가 있다. 학교를 개인의 삶을 풍부하게 해 줄 장치로 이용하되, 거기서 아이의 삶과 생활이 피폐해지고 움츠러든다면 과감하게 인생에서 제외하는 결단도 필요하다.

큰아이가 초등학교 4학년 때 일이다. 방학 내내 방바닥을 뒹굴고 있는 아이가 마뜩잖아서 "좀 뭘 하겠다는 계획을 세우고 생활해 봐라"며 핀잔을 주었다. 아이는 그때 이렇게 말했다.

"엄마, 모든 사람은 목표가 같아. 결국 다 죽잖아. 그러니 남는 것은 과정뿐이야. 과정이 좋으면 다 좋은 거야."

삶은 그 목적이 분명하지 않다. 길은 목표 지점에 도달하기 위해서만 존재하지는 않는다. '가는 것'이 곧 목적이며, 그 과정을 충실히 경험한다면 삶의 목적은 달성되는지도 모른다. 그러니까 학교를 앞에 두고 불안해 할 이유가 없다. 학교는 무조건 따라야 할 법전도 아니고, 목적지에 가는 길을 선명하게 보여 주는 지도도 아니다. 그저 몇 대목 참고할 수 있는 참고 문헌일 뿐이다.

09

—

[믿음] 어떤 삶을 살든, 무조건 아이를 응원한다

2017년 2월, 큰아이가 다니던 대안 학교를 졸업했다. 작은아이도 초등학교를 졸업했다. 큰아이의 졸업식에서는 10년이 넘도록 학교에 몸담아 오신 선생님 한 분도 사직 인사를 했다. 그 선생님은 매년 이맘때가 되면 학교를 떠나 새롭게 살아갈 졸업생들이 부러웠다고 하시며, 그만두는 게 서운하긴 하지만 드디어 '졸업'을 해서 기쁘다고도 하셨다. 몇몇 학부모와 아이들은 그 선생님을 학교에서 더 이상 만나지 못하게 돼 아쉬워하며 "선생님, 다시 오세요", "섭섭해요"라고 말했는데, 나는 그 선생님이 하신 '졸업해서 기쁘다'는 말에 깊이 공감이 가서, 선생님께 "졸업을 축하합니다"라는 말을 몇 번이나 진심을 담아 전했다.

그동안 살아오면서, 나도 몇 번의 졸업을 했다. 유치원, 초등학교, 중학교, 대학교, 대학원까지. 2017년 봄에 다시 박사과정에 입학했는데, 입학과 동시에 '얼른 졸업해야지'라고 결심하고는 다른 곳에 입학할 것을 궁리하는 걸 보니, 아마 나는 '졸업 중독자'인지도 모르겠다. 생각해 보면 직장도 한 군데를 오래 다니지 못했다. 첫 직장은 다닌 지 1년도 안 돼서 그만두었다. 컴퓨터 월간지를 펴내는 작은 잡지사였는데, 급여로 보나 비전으로 보나 재미로 보나 의미로 보나 오래 다닐 필요가 없었고, 그걸 알게 되는 데는 6개월도 걸리지 않았다. 그 후로 여성지, 육아지, 출판사 등의 회사를 옮겨 다녔다. 그중 한 회사에 가장 오래 다닌 기간이 3년이 채 안 되었다. 재미나 의미가 없어지면 그때부터 그만둘 생각을 했다. 결정타는 '내가 성장하는 게 아니라 소모되고 있구나'라는 느낌이 올 때였다. 그때는 옮겨 갈 직장을 미리 알아보거나, 재정 상황을 고려하지 않고 바로 그만두었다. 그만둘 때의 느낌은 대체로 홀가분했다. '아, 난 왜 이렇게 참을성과 끈기가 없고 즉흥적일까' 하는 자괴감에 잠시 빠지긴 했지만, 불확실하고 애매모호한 것투성이인 세상에서 '이건 그만해도 돼'라는 느낌만큼 확실한 건 없었기에 뒤돌아보지 않았다.

언젠가 아이는 아이의 길을,
엄마는 엄마의 길을 간다

그러나, 뭐든지 싫으면 그만두면 되는 줄 알고 결혼도 '정 힘들면

이혼하지 뭐'라는 마음으로 했던 내게 도저히 함부로 그만둘 수 없는 막강한 '적'이 나타났으니, 그건 바로 '엄마'라는 역할이었다. 그만두고 싶은 마음을 떠올리는 것조차 죄책감의 부메랑으로 돌아오는 역할. 성장의 기쁨보다 고통과 괴로움을 더 많이 주었던 역할. 성모 마리아가 된 듯한 황홀감과 나를 온통 희생하는 듯한 비참함을 동시에 느끼게 하면서 '정신분열이란 이런 것'을 알게 해 주었던 역할. 가정주부가 해야 하는 살림 노동, 돌봄 노동에다 아이에게 무한한 애정을 주어야 하는 감정 노동까지 곁들여야 하고, 그 위에 아이 인생도 계획해야 하는 교육 노동까지 겸해야 하는 무지막지한 역할. 노동의 강도도 강도지만, 나를 더 옭아맸던 건, 엄마라는 역할의 '졸업 불가능성'이었다. 황혼 육아까지 펼쳐진 '엄마 역할'은 출구 없는 터널처럼 막막해 보였고, 도저히 거기서 내려올 엄두가 나지 않았다.

큰아이는 졸업을 앞두고 18여 년의 삶을 정리하며 자서전을 발표했다. 아이는 자서전에서 '내게 엄마는 우상화된 친구'라고 썼다. 아마 엄마를 좋아하고 존경한다는 의미인 것 같았다. 그 문구를 들으며 나는 이제 때가 되었음을 알았다. '이제 엄마를 졸업해도 되겠구나' 싶었다. 엄마를 졸업하는 시기는 학교처럼 딱 정해져 있는 것이 아니라, 회사를 그만둘 때처럼 내가 정하는 것이었다. 엄마를 졸업한다는 건, 아이 삶의 주도권이 명실상부하게 아이에게 있음을 선언하는 것이며, 아이가 혼자 능히 자신의 의식주를 돌볼 수 있음을 믿는 것이며, 엄마라는 역할에서 먹이고 재우고 입히는 돌봄 노동을 제거하는 일이며, 앞의 모든 일을 내 스스로에게 허락하는 일이었다. 나는 아이 자서전에 답장을 써서 졸업식에서 학부모 소감 대신 읽었다. 아마 아이에게 무한한 신뢰를 보내는 엄마의 따뜻한 글로 들렸겠지만, 속내는 사실 이것이다.

"자, '엄마'는 여기까지다. 우리 이제 '좀 친한 친구'로 만나자꾸나!"

오늘은 졸업식이고, 졸업식에는 이렇게 졸업생 부모들이 한마디씩 하는 시간이 있다. 나는 그냥 "덕분입니다, 고맙습니다"라고 말하고 내려오려고 했다. 그런데 어제 네 자서전 발표를 들으며 생각을 바꿨다. 주인공은 너인데, 내가 뭐라고 누구한테 감사 인사를 한단 말이냐. 이 자리는 오롯이 네가 주인공인 자리다. 그러니 여기서 내가 할 일은 너를 가장 가까이에서 보아 온 사람으로서, 네가 어떤 사람인지를 말하는 일인 것 같다.

네가 어떤 사람인지를 알려 주는 여러 이야기들 중에서 딱 한 가지 이야기를 하려 한다. 골수이식을 위해 전신 방사선을 마치고 무균실에 입원했을 때 이야기다. 의사 선생님은 이식을 위해 열 배 고용량 항암을 해야 하는데, 백혈구 수치가 낮아 고민이라고 말했다. 재발한 암이기 때문에 완벽한 치료를 위해서는 정량을 써야 하는데, 면역 수치가 낮으니 부작용이 걱정이라고 했다. 늘 거침없이 치료 지시를 내리던 의사가 얼마나 고민이 되었으면 환자에게 걱정을 털어놓았을까. 암 때문에 죽은 사람 못지않게 항암 부작용으로 죽은 사람도 많았기에, 그 이야기를 들은 나는 돌을 얹은 듯 가슴이 무거웠다. 나는 남의 일인 듯 무심하게 "엄마가 누구 엄마한테 들었는데, 의사가 백혈구 수치가 낮아서 항암제 용량을 다 써야 할지 고민이라고 그랬다네. 네가 그 엄마라면 어떻게 할 것 같아?"라고 네게 물었다. 너는 잠시 생각하다 "나라면 아이한테 물어보겠어"라고 말했다. 나는 초등학교 6학년 아이에게 이런 결정을 내리게 하는 게 맞을까 싶어 잠시 망설이다가, 네게 묻기로 했다. 나이를 떠나서, 모든 인간은 자신에게 일어나는 일을 알고 스스로 결정할 권리가 있으니까.

"이거 사실 우리 얘기야. 네 수치가 낮아서 선생님이 고민이시래. 어떻게 할까?"

너는 잠시 고민하다가 마치 네 이야기인 줄 알고 있었던 듯 이렇게 말했다.

"정량대로 맞을래."

"그럼 고통이 엄청날지도 몰라."

"엄마, 그런 고통은 다 지나가. 그냥 며칠 참고 견디면 돼. 그리고 나는 진짜 다시는 재발하고 싶지 않아."

그 이후 과정은 너도 기억할 것이다. 먹은 것도 없는데 장 점막이 헐어서 하루에 열 번씩 설사를 하고, 입안의 허물이 다 벗겨져 나오고, 생착이 안 돼서 고생하고, 숙주 반응으로 또 고생하고…. 하지만 네 말대로 그 고통들은 지나갔고, 지금 너는 여기 이 자리에 서 있다.

현서야.

딱 1년 전 학부모 연수 때 전성은 선생님의 강의를 들었다. 엄마는 그때 불안감에 휩싸여 있었다. 네가 1년 후에 작은 학교를 졸업하고 일반 학교를 가고, 사회에 나가면 잘 적응할 수 있을까? 장애인을 차별하는 말과 행동을 하고도 그게 당연하다고 여기는 비장애 중심 사회에서 네가 버틸 수 있을까? 체력이 남보다 못한데, 어느 수준 이상을 요구하는 사회의 기준에 도달하느라 몸이 상하면 어떻게 할까? 지금까지는 공동체에 기대어 안전하게 살아왔는데, 점점 부모의 손길이 필요 없는 나이가 되면 너 혼자서 잘해 나갈 수 있을까? 이런 생각으로 전성은 선생님께 물었다. 작은 학교에서, 그리고 여기 공동체에서는 선생님과 주변 사람들을 믿고 아이를 맡겼는데, 졸업하고 나서는 그러지 못할 것 같아 걱정이라고.

선생님은 단호하게 말씀하셨다.

"작은 학교를, 공동체를 믿는다고요? 아무도 믿지 마세요. 아무도."

이게 무슨 말인가. 나는 당황스러웠고, 받아들이기가 어려웠다. 한 달 정도 '아무도 믿지 말라'는 그 말을 곱씹고 곱씹었다. 그리고 희미하게 답을 찾았다.

선생님의 그 말은 너를 믿으라는 이야기였다. 네 안의 생명력을 믿고 존중하라는 이야기였다. 걱정된다고, 잘해 주겠다고, 먼저 나서지 말라는 이야기기도 했다.

현서야.

작은 학교와 동네 공동체를 떠나 익숙하고도 새로운 세상으로 출발하려는 지금, 엄마가 네게 꼭 해 주고 싶은 이야기가 이것이다.

너를 믿어라.

앞으로의 삶이 쉽지 않을 것이다. 한계를 느낄 것이다. 엄마는 비장애인이고, 아픈 적도 없어서, 네가 겪은 혹은 앞으로 겪을 고통과 차별과 수고가 어느 만큼일지 절대로 알 수 없다. 대개의 세상 사람이 그럴 것이다.

그러니 불안하고 걱정되고 막막하고 두려울 때는, 네가 병의 완치를 위해 고통을 자발적으로 선택했던 용기 있는 사람이라는 걸 떠올려라. 병을 피할 수는 없었지만, 투병 기간에도 하루를 최대한 즐겁고 생생하게 살아 냈던 사람이라는 걸 잊지 말아라. 어떤 험난한 조건에서도 생명과 삶이 있는 쪽으로 뿌리를 힘차게 뻗어 냈던 사람이 바로 너라는 걸 기억해라.

너는 너의 삶으로 남에게 희망을 주었다. 그 자부심을 단단히 움켜쥐고 살길 바란다.

현서야.

졸업을 진심으로 축하한다.

엄마는 고대하던 이 날이 현실로 온 게 꿈인 듯 기쁘다. 고맙다.

2017년 2월 5일 작은 학교 졸업식에서,

엄마가.

1. 아이와 어떻게 대화해야 하는지 모르겠다면

섣불리 공감하지 마세요

공감은 무엇보다 중요합니다. 자기 입장과 행동, 생각과 감정을 고스란히 이해해 주는 사람을 만나면 인간은 누구나 마음을 엽니다. 아이는 더 그렇습니다. 하지만 아이가 무엇을 원하는지 정확하게 아는 것은 무척 어렵습니다. 공감하려는 시도가 지나치면 엄마 자신의 감정에 빠져 버릴 수도 있습니다. 아이가 친구에게 장난감을 주었는데, 그것을 엄마가 자신이 어렸을 때 친구에게 장난감을 빼앗긴 기억과 연결한다면, 아이가 비록 호의로 장난감을 주었음에도 엄마는 "친구가 장난감을 빼앗아서 속상하구나" 하고 엉뚱하게 공감할 수 있습니다. 자신의 감정과 생각을 정확하게 아는 것은 꽤 고도의 지적인 능력이라 아이에게 기대하기는 힘듭니다. 또 아이에게 감정은 밀려왔다가 밀려가는 파도와 같아서, 한 지점에 오래 머무르지도 않습니다. 그저 곁에 있어 줄 뿐, 섣불리 공감하지 않는 게 좋습니다.

반영하고 질문하세요

아이가 말을 하면 그저 반영해 주세요. 그리고 물어봐 주세요. "그러니까 오늘 힘들다는 거구나. 맞아?" 이렇게 반영하고 물어보면, 내가 너의 말을 듣고 있었다는 태도와 너의 말을 더 이해하고 싶다는 의도가 모두 전달됩니다. 이 말을 들은 아이는 '그게 맞나?' 하고 자신을 돌아봅니다. 그게 맞을 수도 있고, 아닐 수도 있겠지요. 엄마는 물어보는 과정에서 아이의 생각과 감정을 전부 알지 못한다는 전제를 가지고 아이를 대합니다. 아이를 존중하는 태도가 여기서 만들어집니다. 아이는 엄마의 이야기를 듣고 자신의 감정을 돌아보면서, 자신이 느끼는 것이 받아들여진다는 안정감과 자신감을 가집니다. 이 과정에서 사고력과 창의력이 자라는 것은 덤입니다.

무엇보다 솔직하세요

엄마는 결코 화를 내선 안 된다고 생각하는 사람들이 많습니다. 그러나 화가 나면, 화를 내는 게 차라리 좋습니다. 그것이 지나치게 폭력적인 방식이 아닌 선에서 그렇습니다. 아이 입장에서는 잘못했을 때 화를 내는 엄마가, 터질 듯한 화를 누르고 번드르르한 말을 하는 엄마보다 편안합니다. 아무 말도 하지 않고 팽팽한 긴장과 차가움이 흐르는 것보다 서로의 감정을 표현하고 이해하고 받아들이고 흘러가게 두는 것이 생동감 있는 삶입니다. 그러니 엄마부터 솔직하고 담백하게 마음과 생각을 표현하세요. 어설픈 공감과 질문보다 그것이 훨씬 아이에게 바람직합니다.

2. 자존감 높은 아이로 키우고 싶다면

섣부른 칭찬은 삼갑니다

흔히 아이의 자존감을 높이는 방법으로 '칭찬'을 꼽습니다. 아이가 한 행동의 결과에 박수 치는 것이지요. 칭찬이 비난이나 처벌보다는 낫습니다만, 언제나 좋지는 않습니다. 칭찬은 아이가 행동한 '결과'에 대한 반응입니다. 칭찬을 너무 많이 받은 아이는 자신이 한 모든 행동에 칭찬을 기대하게 됩니다. 좋은 결과가 나오지 않을 것 같으면 아예 시도하지 않는 무기력을 보이기도 하고, 칭찬을 받지 못하면 짜증을 내기도 합니다. 칭찬은 때로 처벌만큼 위험합니다.

과정 속에서 격려를 합니다

칭찬 대신 할 수 있는 것이 '격려'입니다. 칭찬이 결과에 주목한다면, 격려는 과정을 지켜봅니다. 격려는 추임새입니다. 판소리 공연을 보면, 소리를 하는 사람 옆에 북으로 박자를 맞추면서 "얼쑤", "그렇지" 하고 맞장구를 치는 고수가 있습니다. 고수는 소리를 하는 사람이 공연하는 동안 옆에 딱 붙어 있으면서 '잘하고 있다'는 메시지를 끊임없이 전달합니다. 격려는 이와 같습니다. "너 지금 그거 하려고 하는구나", "잘 하고 있어"처럼 아이가 현재 하고 있는 행동에 관심을 가지고 지지를 보내는 것입니다. 충분히 지지를 받은 아이라면 설사 결과가 나쁘더라도 자존감을 지킬 수 있습니다.

외적인 것(성별, 외모, 성적 등)은 칭찬도 비난도 하지 않습니다

가장 크게 자존감을 깎아 먹는 말은 바로 성별과 외모에 대한 비난 또는 칭찬입니다. "여자가 뭐 이렇게 칠칠치 못하냐?", "남자는 울면 안 돼", "못해도 이 정도 키는 돼야지", "누가 1등이야?"와 같은 말이 대표적입니다. 성별과 외모에 대한 비난은 아이에게 수치심을 심어 줍니다. 자신을 근본적으로 '함량 미달'인 사람으로 여기게 되는 거지요.

그럼 외모에 대해 칭찬도, 비난도 하지 않고 무엇을 할 수 있느냐고요? 침묵하면 됩니다. 때로 침묵만큼 강한 울림을 주는 언어가 없습니다. 침묵이 아이의 존재를 있는 그대로 받아들이게 만듭니다.

아이가 '내가 결정했어'라고 느껴야 합니다

자존감은 '내가 통제하고 있다'는 감각입니다. 자존감의 반대는 '아무것도 할 수 없어'라는 무기력입니다. 따라서 엄마들은 아이의 결정력을 키워 주어야 합니다. 추운 날 외투를 입지 않겠다는 아이에게 "장갑 낄래? 아니면 목도리 할래?"처럼 선택지를 제공하면, 아이는 스스로 생각하고 결정을 합니다.

이때 아이에게 "네가 알아서 해"라고 말하지 않도록 조심하세요. 그 말은 아이에게 자유를 허용하는 것이 아니라, 막막함을 줄 수 있습니다. 어쩌면 버려졌다는 느낌을 주기도 합니다. 완전한 자유는 오히려 무기력에 빠지게 할 수도 있습니다. 옆에서 함께 결정하고 결정을 지켜봐 주면, 아이는 자신이 내린 결정에 흔들림이 없게 됩니다.

훈련은 경계를 세워 줍니다

아이들이 부정적인 행동을 하는 이유는 경계를 확인하기 위해서지, 절대로 경계를 무너뜨리기 위해서가 아닙니다. 만약 밥을 먹고 사탕을 하나 더 먹겠다고 떼를 써서 사탕을 하나 더 준다면, 아이는 다시 사탕 두 개를 요구할 것입니다. 왜냐하면 아이는 아직 넘어가면 안 되는 경계가 어딘지를 확인하지 않았기 때문입니다. 훈련은 이 경계를 확실하게 세우는 작업입니다. 경계를 알아야 아이들은 자유롭게 움직일 수 있습니다.

훈련은 안정감과 신뢰를 줍니다

훈련의 대상은 일상생활 습관입니다. 엄마의 욕심을 위한 공부 습관이나 아이의 취향은 훈련의 대상으로 삼지 않는 것이 좋습니다. 파란색만 좋아하는 아이의 취향은 존중할 일이지, 바꿀 문제가 아닙니다. 일상생활 습관이 굳건하게 자리 잡으면 아이에게 일상은 예측 가능한 일이 됩니다. 자극이 비일관적으로 주어졌을 때 불안이 가장 높아진다고 많은 심리학 연구들이 보고합니다. 훈련을 통해 습관이 확립되면 아이에게 세상은 좀 덜 불안한 곳으로 느껴지고, 아이는 안정감을 찾습니다.

훈련은 자존감을 높여 줍니다

훈련은 배움의 과정입니다. 처음에는 스스로 치약을 짜지 못하던 아이가 조금씩 딱 적당하게 치약을 짤 수 있다는 걸 스스로 발견하는 과정에서 진정한 자존감이 생깁니다. 힘들지만 노력했고, 성과를 거둔 것이지요. 자신감은 성공의 경험이 쌓였을 때 생기는 최종 결과물입니다. 훈련은 작은 성공을 할 수 있게 만들어 줍니다.

엄마의 감정 조절을 도와 줍니다

훈련은 점진적인 과정입니다. 단번에 결과가 나오지 않습니다. 엄마가 '욱' 하는 이유는 대개 행위의 결과가 바로 나오지 않기 때문입니다. 훈련은 아이를 돕는다고 생각해야 합니다. 아이를 어떤 틀에 맞추는 것과는 근본적으로 다릅니다. 아이야말로 자신이 가장 편안하기를 원한다는 사실을 기억하는 것이 중요합니다.

4. 아이가 많이 아프다면

아이가 아픈 것은 지나가는 일입니다

아이가 아프면 엄마들의 일상은 '멈춤' 상태가 됩니다. 밤새 열이 얼마나 오르나 지켜보아야 하고, 미지근한 물 찜질을 해 주어야 하고, 한 숟가락이라도 먹이기 위해 노심초사합니다. 몇 날 며칠 아이와 한 몸이 되어 고생하면 독감이나 수두 같은 유행병들은 말 그대로 지나갑니다. 아토피 같은 알레르기 질환도 초등학교에 들어갈 무렵이면 증상이 좋아지면서 대개 살 만해집니다. 즉 대부분의 병은 엄마의 잘못된 육아나 아이의 운명 때문에 걸리는 것이 아니라, 아이가 성장하는 과정에서 당연하고도 필연적으로 겪는 일입니다. 안달복달하기보다는 느긋하게 한 걸음 물러서서 병원의 처방을 따르고, 기침이나 간지러움처럼 아이가 괴로워하는 증상만 덜어 주면 됩니다.

엄마의 인생 전부를 걸 필요는 없습니다

하지만 아이가 장애를 가지고 있거나 희귀 난치병에 걸린 경우는 이야기가 다릅니다. 저는 감히 이런 이야기를 드리고 싶습니다. 아픈 아이를 치료하고 회복시키는 것이 엄마 인생의 전부가 될 필요는 없다고요. 장애와 희귀 난치병은 있는 그대로 받아들이고 존중할 대상이지, 삶에서 제거할 수 있는 그 무엇이 아니기 때문입니다. 아이에게 필요한 현실적인 도움은 적극적으로 찾아 나서되, 가능하지 않은 것을 가능하게 하느라 너무 애쓰지 마세요. 우리 엄마들도 소중한 존재입니다. 비록 주어진 상황은 힘겨워도 우리는 반드시 그 안에서 삶의 의미를 찾아낼 수 있습니다. 아이가 아파도, 장애를 가지고 있어도, 우리는 함께 행복할 수 있습니다.

5. 아이를 더 낳을까, 말까를 고민하고 있다면

이 질문처럼 사람마다 고민하는 이유가 다른 질문도 없습니다. 처음부터 "나는 둘을 낳을 거야", "난 하나만 낳을 거야" 하고 정하는 사람도 있고, 하나만 낳으려고 했는데 생각이 바뀐 사람도 있습니다. 육아에 대한 각자의 가치관도 다르고 상황도 달라서, 그 무엇도 정답이라고 말할 수 없으며, 또한 모든 답이 정답이기도 합니다.

저는 아이를 더 낳을지, 말지를 묻는 후배 엄마들에게 다음의 이야기를 해 줍니다.

무엇인가를 피하기 위해 아이를 낳지는 마세요

육아 후 시간의 공허함을 메우기 위해서 혹은 남편과의 갈등 또는 결혼생활의 회의를 피하기 위해서 아이 낳는다면, 아이를 낳은 후에도 그 문제는 사라지지 않습니다. 오히려 육아 문제가 끼어들어 문제의 본질이 흐려집니다.

무엇인가를 얻기 위해서 아이를 낳지도 마세요

딸을 낳기 위해서 애쓰는 엄마들이 있습니다. 저도 아들 둘을 낳고 딸을 낳고 싶어서 심각하게 셋째를 고민한 적이 있습니다. 그러다가 결국 낳지 않기로 한 것은 딸을 낳고 싶은 마음의 본질이 '나를 이해하고 도와주는 친한 사람'이 필요해서라는 걸 알았기 때문이었지요. 만약 딸이 내가 원하는 만큼 나를 이해하고 도와주지 않는다면 그 실망은 어쩔 것이며, 엄마의 욕망까지 받아 안은 딸의 인생은 또 얼마나 복잡해지겠습니까?

아이를 낳고 키우는 일은 고단하고 보람됩니다. 보람이 고단함을 상쇄시켜 주지 않습니다. 보람은 보람이고, 고단함은 고단함입니다. 그래서 아이를 더 낳을까, 말까에는 오직 하나의 답만이 필요합니다. 당신의 인생에서 아이를 낳고 키우는 보람과 고단함을 얼마만 한 크기로 가져갈 계획입니까? 아이와 함께하는 그 순간순간의 기쁨과 괴로움을 경험하는 것이 당신 인생에서 얼마나 중요합니까? 정답은 없습니다. 오직 당신이 내리는 결론이 딱 당신에게 들어맞는 정답입니다. 그리고 무엇인가를 피하거나 얻기 위해서 아이를 낳아도 괜찮습니다. 단지 그런 줄 알고 낳으면 됩니다. 그래도 아이는 분명 예상치 못한 어려움과 보람과 기쁨을 동시에 안겨 줄 것입니다. 그만큼 당신의 인생은 더 다채롭게 빛날 겁니다.

나는 뻔뻔한 엄마가 되기로 했다

초판 1쇄 발행 2018년 7월 30일
초판 4쇄 발행 2019년 12월 23일

지은이 김경림
발행인 강수진
편집 유소연 조예은
마케팅 곽수진
디자인 어나더페이퍼
일러스트 Aellie Kim

주소 (04044) 서울특별시 마포구 양화로 8길 16-20 피피아이빌딩 3층
전화 마케팅 02-332-4804 편집 02-332-4808
팩스 02-332-4807
이메일 mavenbook@naver.com
홈페이지 www.mavenbook.co.kr
발행처 메이븐
출판등록 2017년 2월 1일 제2017-000064

ISBN 979-11-96067-65-6 13590

이 도서의 국립중앙도서관 출판예정도서목록(CIP)은 서지정보유통지원시스템 홈페이지(http://seoji.nl.go.kr)와 국가자료공동목록시스템(http://www.nl.go.kr/kolisnet)에서 이용하실 수 있습니다.(CIP제어번호: CIP2018021222)